计算机基础实验教程

主编 陈 莹 雷 芸

北京理工大学出版社
BEIJING INSTITUTE OF TECHNOLOGY PRESS

图书在版编目（CIP）数据

计算机基础实验教程 / 陈莹，雷芸主编. —北京：北京理工大学出版社，2014.8（2019.8 重印）

ISBN 978-7-5640-9639-7

Ⅰ. ①计…　Ⅱ. ①陈… ②雷…　Ⅲ. ①电子计算机-高等学校-教材　Ⅳ. ①TP3

中国版本图书馆 CIP 数据核字（2014）第 194580 号

出版发行 / 北京理工大学出版社有限责任公司
社　　址 / 北京市海淀区中关村南大街 5 号
邮　　编 / 100081
电　　话 / (010)68914775(总编室)
　　　　　82562903(教材售后服务热线)
　　　　　68948351(其他图书服务热线)
网　　址 / http://www.bitpress.com.cn
经　　销 / 全国各地新华书店
印　　刷 / 三河市华骏印务包装有限公司
开　　本 / 787 毫米×1092 毫米　1/16
印　　张 / 10.25
字　　数 / 240 千字
版　　次 / 2014 年 8 月第 1 版　2019 年 8 月第 7 次印刷
定　　价 / 23.50 元

责任编辑 / 张慧峰
文案编辑 / 张慧峰
责任校对 / 周瑞红
责任印制 / 李志强

普通高等学校少数民族预科教育系列教材
编审指导委员会

序

普通高校少数民族预科教育是指对参加高考统一招生考试、适当降分录取的各少数民族学生实施的适应性教育，是为少数民族地区培养急需的各类人才而在高校设立的向本科教育过渡的特殊教育阶段；它是为加快民族高等教育的改革与发展，使之适应少数民族地区经济社会发展需要而采取的特殊有效的措施；是中国特色社会主义高等教育体系的重要组成部分，是高等教育的特殊层次，也是我国民族高等教育的鲜明特色之一；其对加强民族团结、维护祖国统一、促进各民族的共同团结奋斗和共同繁荣发展具有重大的战略意义。

为了贯彻落实“为少数民族地区服务，为少数民族服务”的民族预科办学宗旨，建设好广西少数民族预科教育基地，适应普通高等学校少数民族预科教学的需要，近年来，广西民族大学预科教育学院在实施教学质量工程以及不断深化教育教学改革中，结合少数民族学生的实际情况，组织在民族预科教育教学一线的教师编写了《思想品德教育》《阅读与写作》《微积分基础》《基础物理》《普通化学》等系列“试用教材”，形成了颇具广西地方特色的有较高水准的少数民族预科教材体系。广西少数民族预科系列教材的编写和出版，成为我国少数民族预科教材建设中的一朵奇葩。

本套教材以国家教育部制定的各科课程教学大纲为依据，以民族预科阶段的教学任务为中心内容，以少数民族预科学生的认知水平及心理特征为着眼点，在编写中力求思想性、科学性、前瞻性、适用性相统一，尽量做到内涵厚实、重点突出、难易适度、操作性强，真正适合民族预科学生使用，使他们在高中阶段各科教学内容学习的基础上，通过一年预科阶段的学习，对应掌握的学科知识能进行全面的查漏补缺，进一步巩固基础知识，培养基本能力，从而达到预科阶段的教学目标，实现预与补的有机结合，为学生一年之后直升进入大学本科学习专业知识打下扎实的基础。

百年大计，教育为本；富民强桂，教育先行。教育是民族振兴、社会进步的基石，是提高国民素质，促进人的全面发展的根本途径，寄托着百万家庭对美好生活的期盼；而少数民族预科作为我国普通高等教育的一个特殊层次，是少数民族青年学子进入大学深造的“金色桥梁”，承载着培养少数民族干部和技术骨干、为民族地区经济社会发展提供人才保证的重任。我们祈望，本套教材在促进少数民族预科教育教学中能发挥其应有的作用，在少数民族高等教育这个百花园里绽放异彩！

是为序。

林志杰
2014 年 7 月

前　言

本书是《计算机基础教程》（雷芸，陈莹主编）的配套实验教材。

本书是根据教育部高等学校计算机基础课程教学指导委员会编制的《高等学校计算机基础教学发展战略研究报告暨计算机基础课程教学基本要求（2009 版）》中对“大学计算机基础”课程的教学要求，结合计算机等级考试最新大纲的要求而编写的。

全书共分为 6 章。主要内容包括计算机基础知识实验、中文 Windows 7 操作系统实验、Office 2010 常用办公软件实验、计算机网络基础和 Internet 应用实验。

本实验教程精选了 22 个实验，且精心设计和安排了相应上机实验内容，并详细介绍了上机实验目的、操作方法。为便于学生上机实验，每个实验中，对所涉及的有关基础知识做了简要的介绍。本书对知识的阐述循序渐进，由浅入深，可以适应多层次教学和不同基础学生的学习，为学习其他计算机类课程，尤其是与本专业相关的计算机类课程打下良好的基础。

本书是为普通高等院校少数民族预科班编写的，也可以作为其他高等院校、高职高专、职工大学和广播电视大学等学生的学习教材或参考书。

本书的编者是长期从事大学计算机基础教学的一线教师，他们不仅教学经验丰富，而且对当代大学生的现状非常熟悉，在编写过程中充分考虑到不同学生的特点和需求，加强了计算机应用能力的培养和提高，凝聚了编者多年来的教学经验和成果。书中第 1、3 章由陈莹编写，第 2、6 章由黄进编写，第 4、5 章由雷芸编写。

本书在编写过程中得到了广西民族大学和广西民族大学预科教育学院的大力支持和帮助，在此表示衷心感谢。

由于编者水平有限，书中难免会出现缺点和不妥之处，恳请广大读者批评指正。

编　者

2014 年 7 月

目　录

第1章

计算机基础知识实验

本章实验的目的是使学生正确掌握键盘操作指法，熟练掌握一种汉字输入法；了解计算机的基本配置与系统组成，并能运用所学知识选配个人计算机。

实验1　键盘与中英文输入

一、实验目的

◆ 熟悉键盘每一个键位的排列。
◆ 掌握键盘操作的正确姿势。
◆ 掌握键盘指法分工。
◆ 掌握英文录入方法。
◆ 掌握中文录入方法。

二、预备知识

1. 键盘的布局

键盘是计算机使用者向计算机输入数据或命令的最基本的设备。常用的键盘上有101个键或104个键，分别排列在4个主要部分：主键盘区、功能键区、编辑键区、数字键区，如图1-1所示。

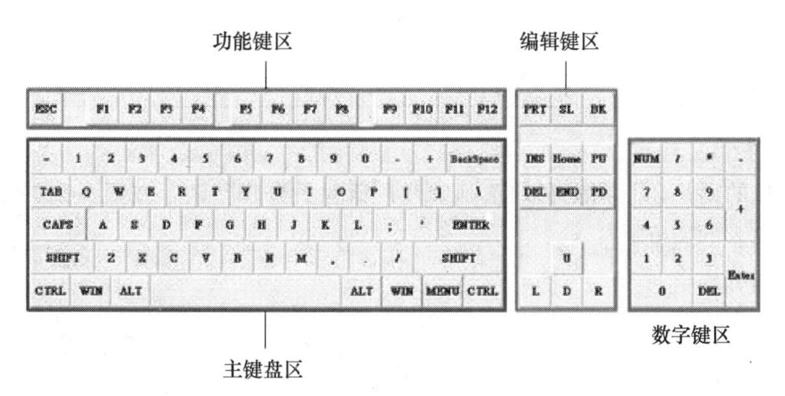

图1-1　键盘布局

• 主键盘区：由字母键、数字键、符号键和控制功能键组成。

• 功能键区：由〈F1〉～〈F12〉键、〈Esc〉键、〈Print Screen/SysRq〉键、〈Scroll Lock〉键、〈Pause/Break〉键组成，主要作用是代替软件中的某些操作，以减少击键次数，方便操作。

• 编辑键区：由〈Insert〉、〈Delete〉、〈Home〉、〈End〉、〈PageUp〉、〈PageDown〉和〈↑〉、〈↓〉、〈←〉、〈→〉键组成，用于光标定位和编辑操作。

• 数字键区：由0～9数字键、〈NumLock〉、〈Enter〉、〈Del〉、〈＋〉、〈－〉、〈＊〉、

〈/〉键组成，用于录入大量数字的场合。

表 1-1 列出了常用键的功能。

表 1-1　常用键的功能

键　符	键　名	功能及说明
0～9	数字键	输入数字
A～Z，a～z	字母键	输入大写或小写字母
Shift	换挡键	用于输入键的上挡字符以及英文字母大小写的转换
Enter	回车键	输入行结束，换行，执行 DOS 命令
←Backspace	退格键	用于删除当前光标处的前一字符
Esc	退出键	用于实现退出当前操作的功能
Tab	制表键	按此键可使光标右移 8 个字符
Caps Lock	大写字母锁定键	单击此键，若 Caps Lock 指示灯亮，则处于大写状态，用于输入大写英文字母
Ctrl 和 Alt	控制键	与其他键配合，形成组合功能键
Home 和 End	控制键	光标移到行首和行尾
PageUp 和 PageDown	控制键	光标上移一页和下移一页
Insert	插入键	用于插入与改写状态的转换
Delete（Del）	删除键	用于删除当前光标处的字符
↑、↓、←、→	光标键	使光标上下左右移动
Print Screen	复制屏幕键	DOS：打印当前屏幕 Windows：将当前屏幕复制到剪贴板上
Num Lock	数字键区锁定切换键	当 Num Lock 指示灯亮时，数字键区为数字锁定状态，否则为编辑控制锁定状态
Scroll Lock	屏幕滚动锁定切换键	计算机默认状态为不锁定屏幕滚动（Scroll Lock 指示灯不亮）

2. 键盘指法

初学计算机的用户，开始就必须正确地掌握键盘的操作指法，按照正确的键盘指法进行训练，以提高输入的速度。

键盘指法训练要求：

■ 正确的打字姿势

正确的打字姿势，有助于准确、快速地将信息输入到计算机而又不容易疲劳。初学者应严格按下面要求进行训练。

（1）坐姿要端正，上身保持笔直，全身自然放松。

（2）座位高度适中，手指自然弯曲成弧形，两肘轻贴于身体两侧，与两前臂成直线。

（3）手腕悬起，手指指肚要轻轻放在字键的正中面上，两手拇指悬空放在空格键上。此时的手腕和手掌都不能触及键盘或机桌的任何部位。

（4）眼睛看着稿件，不要看键盘，身体其他部位不要接触工作台和键盘。

（5）击键要迅速，节奏要均匀，利用手指的弹性轻轻地击打字键。

(6) 击打完毕，手指应迅速缩回原规定的键位上。

注意：击键时手指要用“敲击”的方法去轻轻地击打字键，击完即缩回。

■ **键盘指法分区**

键盘指法分区如图 1-2 所示，它们被分配在两手的十个手指上。初学者应严格按照指法分区的规定敲击键盘，每个手指均有各自负责的上下键位，在击键时不应该“互相帮助”。

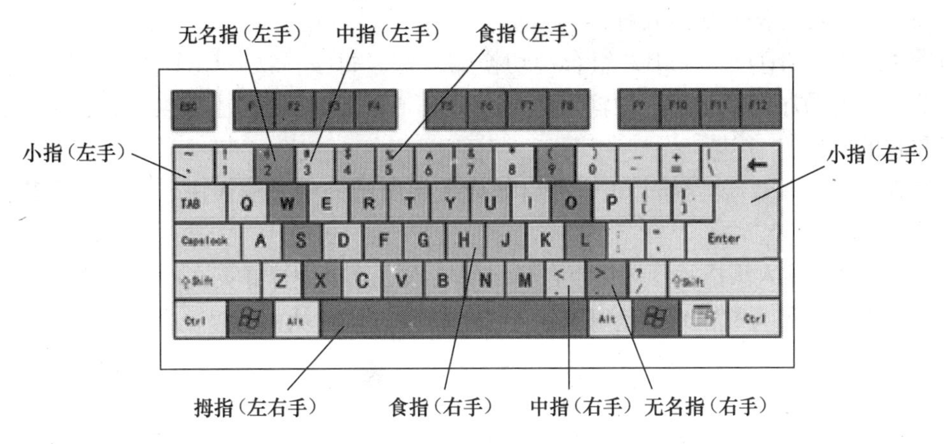

图 1-2　键盘指法分区

■ **键盘指法分工**

键盘第三排上的 A、S、D、F、J、K、L、; 共 8 个键位为基准键位，如图 1-3 所示。其中，在 F、J 两个键位上均有一个突起的短横条，用左右手的两个食指可触摸这两个键以确定其他手指的键位。

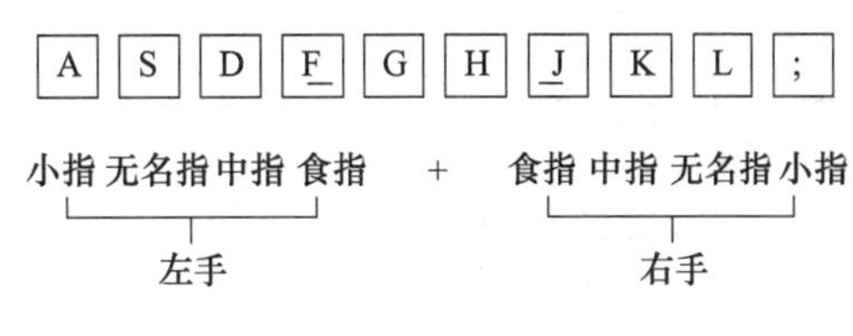

图 1-3　基本键位

■ **数字键盘指法**

数字键盘位于键盘的最右边，也称小键盘。适合于对大量的数字进行输入的用户，其操作简单，只用右手便可完成相应的操作。其键盘指法分工与主键盘一样，基准键为 4、5、6。

其指法分工如图 1-4 所示。

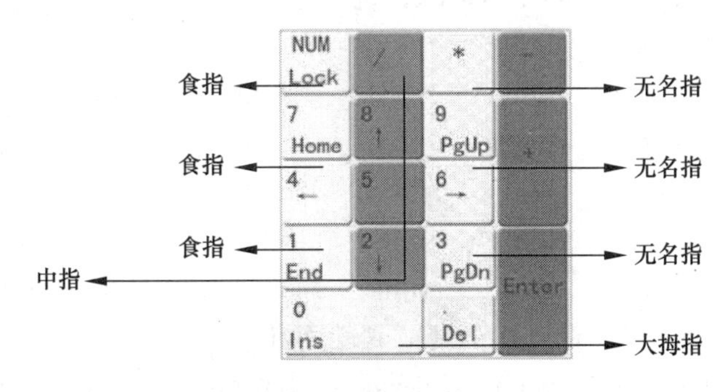

图 1-4　数字键盘

3. 中英文输入及输入法的转换

■ **英文输入**

在英文输入法状态下（通常为系统默认状态），直接按键盘上的字母键即可输入英文。

■ **中文输入**

作为普通的计算机使用者，常用的中文输入法是键盘法，键盘输入法利用各种汉字编码敲击键盘来输入汉字，汉字编码可以分为数字码、拼音码、字形码、其他音形或形音综合码四类。

常用的中文输入法有微软拼音、全拼、双拼、微软拼音 ABC、王码五笔字型、搜狗等。

■ **输入法的转换**

切换输入法的方法有如下几种：

方法 1：按〈Ctrl〉+〈Shift〉组合键切换输入法。每按一次〈Ctrl〉+〈Shift〉组合键，系统按照一定的顺序切换到下一种输入法，这时在屏幕上和任务栏上改换成相应输入法的状态窗口和它的图标。

方法 2：按〈Ctrl〉+〈空格〉组合键启动或关闭所选的中文输入法，即完成中英文输入方法的切换。

方法 3：单击输入法指示器按钮，在弹出的输入法菜单中选择英文或汉字输入法。

初学者了解中英文的输入方法以及输入法的转换方式，从而可以选择适合自己的输入法进行快速输入。

4. 指法训练软件

指法训练最好采用如金山打字通、TT、CAI 和“打字通”这些训练软件，它们有一定的科学性以及合理性，利用这些软件可以使指法得到充分的训练，达到快速、准确地输入中英文的目的。

三、实验内容

基本键位练习

操作提要：

① 熟记图 1-2 和图 1-4 的键盘指法分区，能背出左右手各手指分管的键名及键位。

② 开机进入 Windows 桌面。

③ 用鼠标单击【开始】|【所有程序】|【附件】|【记事本】。

④ 在“记事本”中进行指法练习，反复多次练习每组字符。

(1) A、S、D、F、G、H、J、K、L、; 键练习

assss　dfff　ffggg　hhhjj　jjkkk　kkllll　gghh　hhhjj

ggfff　sss　kkkaa　llddd　jjjfff　ddhhh　aaakk　kkkaa

glads　jakh　saggh　hsklg　ghjgf　gfdsa　ghjgf　gfdsa

hgkh　lkjh　asdfg　lkjh　gfdsa　hjkl　hjkl　lkjh

gfdsa　hjkl　gfdsa　hjkl　gfdsa　hjkl　fgf'　hjkl;

fjhjfg　jhgf　fghj　fgfg　hjhj　hadfs　fghfj　fghj

(2) Q、W、E、R、T、Y、U、I、O、P 键练习

owpqe　wwqqo　ppoow　ooqqp　wwqqo　powqp　oowqp　opwqw

qpqpw　wwwqo　pppww　ppqqp　qqwqq　ppqqp　wqwqp　qqppp

otyqe　wuoqq　ppterw　oybrq　eywqq　pothq　eodqp　efwtw

ppooo　oooiii　iiiuuu　uuyy　yytttt　rrreee　wwqq　ppyy

uurree　ooww　rriioo　wwo　qqppp　rruuoo　ppyyrr　qquu

dedr	kikt	edey	ikiu	diei	deio	iep	diei
qwert	poiuy	qwert	poiuy	qwert	poiuy	ert	pouuy
keiq	iede	eikw	deik	kied	feded	jikij	ppkij
delielie	aile	drfr	yjyu	tftyy	qquju	edey	yjpup

(3) V、B、N、M、Z、X、C 键练习

zzxxx	xxxccc	ccbbb	bbbnn	nnmm	mm,,,,	ccnnn
mmbb	mmvvv	cccnn	xxxnn	zzxxnn	ccc,,,	zzznn
dpzsc	szekjb	fcxeos	sxcies	hksxz	dwxcis	vaxcai
zxcvb	mnmn	zxcvb	mnmn	zxcvb	mnnm	zxcvb
zxsscx	azxzs	scsabn	czczln	mcxn	bc. zxd	hczrj
bvcxz	cvbnm	bvcxz	cvbn	bvcxz	cvbnm	cvbnm

(4) 数字键盘练习

1040	4047	4047	1404	7407	4107	1044	0477	0477
0369	6936	9630	6963	9630	0963	9660	6093	3906
4565	5456	5464	4564	5464	4564	5464	5566	4664
9633	3996	3960	3693	3696	3696	3690	3969	3690
1407	1470	7410	1407	0147	0477	0701	4140	1070
8585	0028	0850	2580	2852	0588	0585	0588	2580
4455	4554	4555	6655	4666	4664	5565	5655	5656
2580	0588	8500	2085	5280	8508	0058	0580	0080
8505	5882	2058	2208	2585	0258	2258	0588	0582
9699	6963	0696	0639	9660	3993	0369	3993	3639

四、练习

1. 将如下所示的英文短文录入“记事本”中，并以文件名“At Your Fingertips. txt”存盘。

At Your Fingertips

We use touch screens everywhere: tourist kiosks, automatic teller machines, point-of-sale terminals, industrial controls. Half a dozen vendors, plus in-house departments at major manufacturers, produced $800 million worth in 2000. The market is growing because the interfaces are easy-to-use, durable and inexpensive.

Touch screens employ one of three physics principles for detecting the point of touch. Pressing a “resistive” design with a finger or other stylus raises a voltage. In “capacitive” models, a finger draws a minute current (this method is often used for cursor pads on notebook computers). In other designs, a finger or stylus interrupts a standing pattern of acoustic waves or infrared lights that blanket the surface.

Resistive screens are the oldest, most widely used and least expensive, and they work with any stylus (finger, pen). Capacitive screens must be touched by a finger or an electrically grounded stylus to conduct current. Wave screens are the newest and most expensive. Surface acoustic wave screens must be touched by a finger or a soft stylus such as a pencil eraser to absorb energy; infrared screens work with any stylus. The different technologies may be used in the same applications, although pros and cons lead to prevalent combinations: resistive screens for industrial controls and Palm Pilots; capacitive screens for slot machines; wave screens for ATMs and indoor kiosks.

2. 选择一种中文输入法，将如下所示的中文短文录入到“记事本”中，并以文件名“弹指之间. txt”存盘。

弹指之间

触控屏幕的应用非常广泛，例如游客导览系统、自动柜员机、销售点终端机、工业控制系统等。在 2000 年，六家专门厂商加上几家大公司的触控产品部门，总产值高达 8 亿美元。由于这种界面使用方便、经久耐用，而且花费不高，因此市场还在成长之中。

触控屏幕可依其侦测触控点的物理原理，分为三种：电阻式屏幕，用手指或其他触头轻按就会产生电压；电容式屏幕，手指会吸取微小的电流（常用于笔记本电脑的触控板）；至于第三种波动式屏幕，则是用声波或红外线覆盖整个表面，而手指或触头会阻断这些驻波图样。

电阻式屏幕是历史最久、用途最广，也是价格最低的一种，而且任何触头（无论手指或笔尖）都可以使用。电容式屏幕必须使用手指，或是接有地线的触头，以便传导电流。波动式屏幕则是最新且最昂贵的类型。表面声波屏幕必须用手指或软式触头（例如铅笔上的橡皮擦）轻触，以吸收表面能量；红外线触控屏幕则可使用任何触头。在实际应用上，可以同时选用好几种技术，不过基于各技术的优缺点，通常有以下几种组合：工业控制系统和掌上型电脑 Palm Pilot 使用电阻式，自动售货机使用电容式，自动柜员机及室内信息站使用波动式。但是大多数人并不清楚，自己所使用的屏幕是什么类型的。

3. 启动“金山打字通”进行打字练习，熟悉打字练习软件的使用方法。

实验 2　组装和选购计算机

一、实验目的

◆ 掌握个人计算机主要配件的功能和相关的选购性能参数。

◆ 掌握一台完整计算机的硬件配置方法。

◆ 掌握计算机硬件资源的查看方法。

二、预备知识

1. 如何组装个人计算机

■ 组装个人计算机需要购买的配件

通常需要购买下列 9 种配件：

• CPU：负责计算机系统运行的核心硬件。

• 计算机主板：包含计算机系统主要组成的电路板，一般声卡和网卡都已经集成到电路板上，不必再购买了。

• 内存条：存储数据的硬件，一旦关闭电源，数据就会丢失。

• 显卡：控制计算机的图像输出。为降低成本，有些计算机将显卡也集成到计算机主板上。

• 硬盘：最常用的存储设备。

• 光驱：读取光盘数据的设备。

• 机箱：安装计算机的各种硬件（以上 6 种硬件）的外壳，一般配带电源。

• 显示器：计算机的显示输出设备，一般是液晶显示器。

• 键盘和鼠标：最常用的输入设备。

■ 主要配件的基本性能参数及常见品牌

（1）CPU。必须首先选择 CPU，才能选择相应的主板。

目前的 CPU 市场基本都被 Intel 和 AMD 这两家生产厂商垄断，它们的产品型号众多且种类繁复，如图 1-5 所示。

图 1-5　CPU

Intel 是目前全球最大的半导体芯片制造厂商，从成立至今已经有 40 多年的历史。它不仅制造出了全球第一块微型处理器芯片，其后也一直居于业界的领导地位。

AMD 作为全球第二大微处理器芯片的供应商，其业务遍及全球，专为计算机、通信和电子消费类市场供应各种芯片产品以及技术解决方案，多年以来一直是 Intel 的强劲对手。

CPU 的主要选购性能参数是主频，即 CPU 的时钟频率，也称为系统总线的工作频率。一般来说，主频越高，CPU 的速度越快。

外频是系统总线的工作频率；倍频则是指 CPU 外频与主频相差的倍数。主频、倍频和外频三者的运算关系：主频＝外频×倍频。倍频一般被锁定，只有外频和主频可以被人为提高，也就是通常所指的超频。

散装与盒装 CPU 在性能、稳定性和可超频方面不存在任何差距，只是在质保时间的长短以及是否附带原装散热风扇方面有所区别。一般而言，盒装 CPU 的保修期通常为 3 年，而且附送一只质量较好的原装散热风扇；散装 CPU 的质保时间只有 1 年，并且不带散热风扇。

（2）主板。如图 1-6 所示。

目前市面上的主板品牌繁多，质量参差不齐，选购时应了解以下知识：

支持 Intel 的 CPU 的主板厂商包括 Intel、ATI、NVIDIA 和 VIA（威盛）等。如果对稳定性有严格的要求，推荐使用 Intel 的 CPU 搭配 Intel 原装主板。AMD 的 CPU 可搭配 VIA 或 nForce 系列主板。

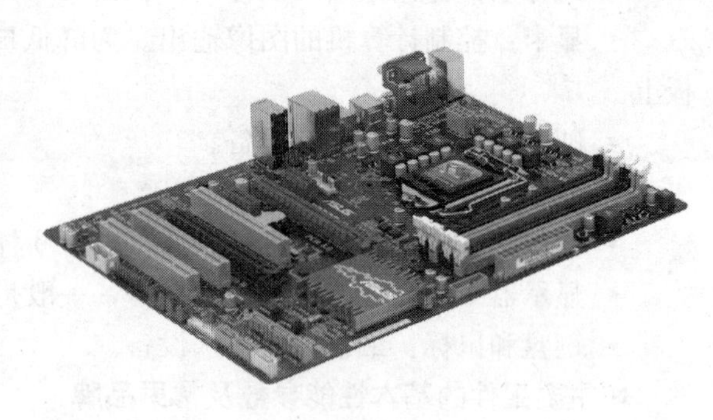

图 1-6　主板

芯片组是主板的核心所在，其优劣对主板性能有决定性作用。

目前市面上主要的主板厂商主要有 Intel、ATI 和 VIA（威盛）等。

集成主板一般集成了声卡、网卡甚至显卡等配件，为消费者节约了不小的开支，是低端市场的主流产品。

目前市面上品牌不错的主板厂商有：

- 华硕：华硕是全球出货最多的主板厂商，其产品不管是从技术还是硬件规格上都占据了业界的领先地位，价格定位也相对较高。
- 微星：微星主板不仅拥有较高的性价比，还包括一系列独家技术。
- 技嘉：技嘉是中国台湾地区第二专业制造商，其产品一直保持高品质和创新的形象。
- 磐正：磐正主板注重实用功能，并且有着不错的超频潜力，价格也比较适中。
- 七彩虹：七彩虹主板主要面对低端主流市场，价格也是几大品牌中最低的。

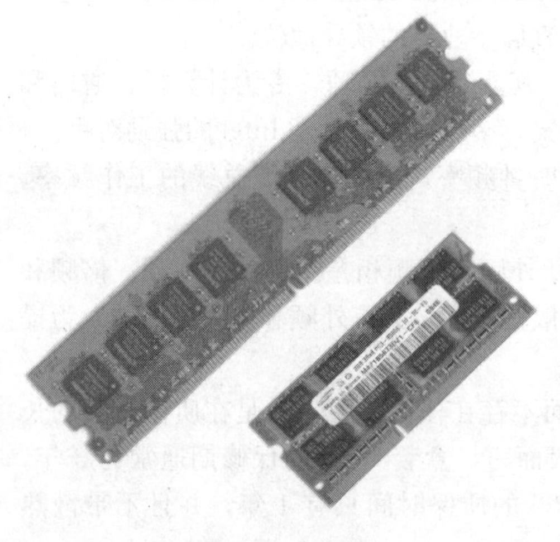

图 1-7　内存条

（3）内存条。如图 1-7 所示。

目前市面上的内存条产品以 DDR2 和 DDR3 为主，但假冒伪劣的现象十分普遍。

现在常见的内存条品牌有以下几种：金士顿（Kingston），其内存条产品在进入中国市场以来，就凭借优秀的产品质量和一流的售后服务，赢得了众多中国消费者的信赖；此外，还有现代（HY）、胜创（Kingmax）、宇瞻（Apacer）、金邦（Geil）和威刚（ADATA）。

挑选内存条的时候，不必盲目追求大容量、高频率，还要注意内存条的工作频率与 CPU 的前端总线频率保持匹配。另外，若新旧内存条同时安装，可能会造成系统的不稳定。

（4）显卡。如图 1-8 所示。

显卡的主要选购性能参数是显卡芯片，目前市面上主流的有 nVIDIA 和 ATI 显示芯片。选购时要注意其的容量和速度。

目前市面上显卡的种类繁多，主流的显卡品牌可按照以下 3 个方式来分类：

• 五大通路厂商：是指七彩虹、双敏、盈通、铭瑄和昂达，它们的产品在设计、用料与做工精细度上基本相同，区别仅在于个性化散热器等方面。

• 主流一线厂商：拥有较高的市场关注度，目前位于前列的是迪兰恒进、微星、华硕、蓝宝和技嘉。

• 其他知名厂商：品牌认知度较高的有影驰、艾尔莎、丽台、XFX 讯景和翔升等。

（5）硬盘。如图 1-9 所示。

图 1-8　显卡

图 1-9　硬盘

硬盘的主要选购性能参数是硬盘容量、硬盘转速和缓存容量。

目前市面上主流的硬盘基本是希捷、迈拓、日立、三星等大厂的产品。

（6）光驱。如图 1-10 所示。

光驱的主要选购性能参数是读取速度、接口类型和机芯。

图 1-10　光盘及光盘驱动器

现在常见的光驱品牌有三星、索尼、LG 和建兴等。

（7）机箱。如图 1-11 所示。

机箱的主要选购性能参数是机箱用料与做工、散热性、电源认证与静音。

现在常见的机箱品牌有金河田、技展、华硕（ASUS）和爱国者（aigo）等。

（8）显示器。如图 1-12 所示。

显示器的主要选购性能参数是尺寸、响应时间、坏点、亮度与对比度等。

现在常见的显示器品牌有三星、LG、飞利浦（Philips）、冠捷（AOC）、优派（ViewSonic）和长城（GreatWall）等。

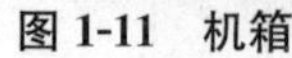

图 1-11　机箱

图 1-12　显示器

（9）键盘和鼠标。如图 1-13 和图 1-14 所示。

图 1-13　键盘

图 1-14　鼠标

键盘的种类包括多媒体键盘和人体工程学键盘。

现在常见的键盘品牌有罗技、明基、微软、技嘉和双飞燕等。

鼠标的种类包括光电鼠标和无线鼠标。

现在常见的鼠标品牌有罗技、微软、双飞燕和雷柏等。

2. 如何选购笔记本计算机

笔记本计算机因携带方面而受到许多用户的喜欢。笔记本计算机属于高集成性产品，融合了一些台式机所没有的技术。

■ **笔记本计算机的外观**

多数用户在挑选笔记本计算机时，对于产品的外观还是相当讲究的。下面对时下流行的笔记本外观材料做些介绍。

（1）ABS 工程塑料。ABS 是丙烯腈、丁二烯和苯乙烯的三元共聚物，A 代表丙烯腈，B 代表丁二烯，S 代表苯乙烯。这种材料既具有优良的耐热性、耐低温性、尺寸稳定性和耐冲击性，又具有 ABS 树脂优良的加工流动性，不过仍然存在质量重、导热性能欠缺等缺点。因其成本低，而被大多数笔记本计算机厂商采用，目前多数的塑料外壳笔记本计算机都采用 ABS 塑料做原料。

（2）铝镁合金。这种材料的主要成分是铝，因本身就是金属，所以采用这种材料的笔记本计算机的导热性能尤为突出。铝镁合金质量轻，密度低，散热性较好，抗压性较强。其不足是不够坚固耐磨，成本较高，而且成型比 ABS 工程塑料困难。

（3）钛合金。这种材料可以理解为铝镁合金的增强。因为在这种材料里面加入了碳纤维材料，所以无论是散热、强度，还是表面质感都优于铝镁合金材质，而且加工性能更好，外形比铝镁合金更加复杂多变。其关键性的突破是韧性更强，而且更薄。但由于制造成本过高，其只能被少数有实力的厂商所用。

■ **笔记本计算机的相关技术**

(1) 迅驰技术。迅驰技术是笔记本计算机 CPU 的一种类型，是 Intel 的产品。它的特点是低功耗、低热量、大缓存，一般在高档的笔记本计算机里面搭配使用，而且集成了无线上网的模块，价格比一般的要贵一些。迅驰（Centrino）是 center（中心）与 neutrino（中微子）两个单词的缩写。它由三部分组成：移动式处理器（CPU）、相关芯片组合、802.11 无线网络功能模块。

(2) 节能技术。笔记本计算机专用的 CPU 都拥有通过降低电压和主频（主要是降低倍频，外频基本不变）来达到省电目的的技术。虽然技术大同小异，名称却各不相同。例如，Intel 的称为 speedstep，AMD 的称为 powernow。

(3) 蓝牙技术。蓝牙技术是一种利用低功率无线电在各种设备间彼此传输数据的技术。它最大的好处就是能够取代各种乱七八糟的传输线。由于蓝牙接口具有这种优点，而且造价也逐步下降，所以目前新出的中高档笔记本基本上都配备了蓝牙接口。

■ **笔记本计算机的选购原则**

一般具体性能参数要考虑 CPU 的速度、内存容量、硬盘容量、显示屏大小和电池容量。

一般建议重点考虑：

(1) 学生用户。价格较低、性能、外观、售后服务等，能胜任学习和休闲即可。

(2) 普通用户。价格适中、娱乐性、易使用性、时尚型，能胜任家里的使用需求。

(3) 商务用户。价格较高、系统稳定性、数据安全性、服务全球性，能胜任工作要求。

(4) 游戏用户。价格较高、独立显卡，能胜任游戏流畅运行，快乐自己。

■ **笔记本计算机的购买及查询**

在购买之前，通过适当的查询，了解当前市场行情是必不可少的。

可以到卖场购买或者网上购买。

目前常见的笔记本计算机品牌有 IBM、惠普、索尼、华硕、东芝、戴尔、方正、神舟、明基等。

水货是指原定销售地点不是该国家或地区的产品在该国家或地区销售，举例来说，一台本来以美国为销售地点的笔记本计算机在中国销售，这台笔记本在中国就叫“水货”。只和销售地有关，即使是中国生产的笔记本，但是属于销往美国的型号，在中国销售的话也属于水货，但是回到它的正规销售地美国，它又成为正规的行货，因此“水货”这个说法只是相对某个指定的地域而言。

行货是指由生产商自己，或者再通过授权代理商特定地区销售专为该地区设计和生产的产品。行货也只和销售地点有关，与生产地点无关，而且行货也是相对地域而言的，在中国销售的该地区的行货在国外销售就是水货。

三、实验内容

打开【设备管理器】窗口，如图 1-15 所示，其中记录了计算机的各种硬件型号。将本机的硬件配置记录在表 1-2 中。

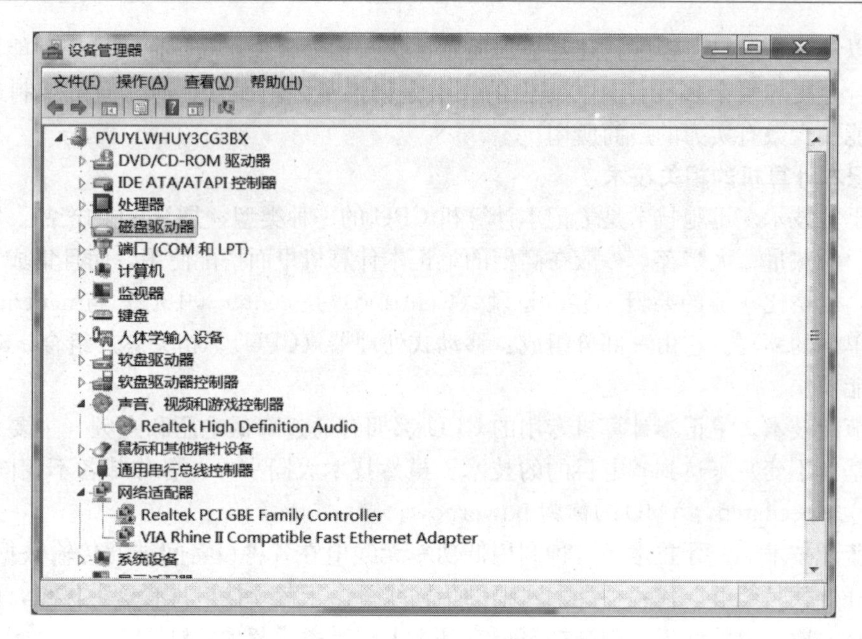

图 1-15 【设备管理器】窗口

表 1-2 台式计算机硬件配置清单

DVD/CD-ROM 驱动器型号	
处理器（CPU）型号	
磁盘驱动器型号	
键盘型号	
鼠标型号	
声卡型号	
网络适配器（网卡）型号	
显示适配器（显卡）型号	

操作提要：

① 右击【计算机】图标，在弹出的快捷菜单中选择【属性】命令，在打开的窗口中选择左边列表中的【设备管理器】选项，打开设备管理器窗口。

② 将某种硬件前的“▷”号展开，即可看到该硬件的型号。

四、练习

1. 假设要购买一台计算机（总价在人民币 3500 元以内），请将详细硬件配置记录到表 1-3 中。

操作提要： 进入太平洋电脑网（http://www.pconline.com.cn/）或中关村在线（http://www.zol.com.cn/），选择您所在的城市，详细查看想配置的相关硬件的信息并记录下来。

表 1-3　台式计算机硬件配置清单

参数 配件	品牌	型号	主要参数				报价/元
CPU			主频	一级缓存	核心数量	包装形式	
主板			支持的 CPU 类型		内置声、显卡情况	芯片	
内存			容量		内存类型	主频	
硬盘			容量	转速	缓存	接口	
显示器			尺寸	分辨率	屏幕比例	点距	
光驱			缓存容量		读取速度	类型	
显卡			显存容量		显存速度	芯片	
机箱			标配电源		兼容主板	尺寸	
电源			额定功率		适用 CPU	标准	
键鼠套装			鼠标类型		键盘连接方式	鼠标接口	

2. 假设要购买一台笔记本电脑（价格在 5000 元以内），请将详细参数记录到表 1-4 中。

表 1-4　笔记本电脑参数表

品牌	
型号	
CPU 型号	
CPU 主频	
内存容量	
硬盘容量	
显卡芯片	
显卡容量	
屏幕分辨率	
操作系统	
光驱类型	
笔记本重量	
屏幕尺寸	

操作提要：进入太平洋电脑网（http://www.pconline.com.cn/）或中关村在线（http://www.zol.com.cn/），选择您所在的城市，详细查看想购买的笔记本电脑的相关参数并记录下来。

附录　名词解释

第1章的技术名词是整个计算机基础课程理论部分的重点，这里给大家列出了名词解释，这些都是本章的基本概念。

1. 主机：由CPU、存储器与I/O接口合在一起构成的处理系统称为主机。

2. CPU：中央处理器，是计算机的核心部件，由运算器和控制器构成。

3. 运算器：计算机中完成运算功能的部件，由ALU和寄存器构成。

4. ALU：算术逻辑运算单元，负责执行各种算术运算和逻辑运算。

5. 外围设备：计算机的输入输出设备，包括输入设备、输出设备和外存储设备。

6. 数据：编码形式的各种信息，在计算机中作为程序的操作对象。

7. 指令：是一种经过编码的操作命令，它指定需要进行的操作，支配计算机中的信息传递以及主机与输入输出设备之间的信息传递，是构成计算机软件的基本元素。

8. 透明：在计算机中，从某个角度看不到的特性称该特性是透明的。

9. 位：计算机中的一个二进制数据代码，计算机中数据的最小表示单位。

10. 字：数据运算和存储的基本单位，其位数取决于具体的计算机。

11. 字节：衡量数据量以及存储容量的基本单位。一个字节等于8位。

12. 字长：一个数据字中包含的位数，反映了计算机并行计算的能力。一般为8位、16位、32位或64位。

13. 地址：给主存器中不同的存储位置指定的一个二进制编号。

14. 存储器：计算机中存储程序和数据的部件，分为内存和外存。

15. 总线：计算机中连接功能单元的公共线路，是一束信号线的集合，包括数据总线、地址总线和控制总线。

16. 硬件：由物理元器件构成的系统，计算机硬件是一个能够执行指令的设备。

17. 软件：由程序构成的系统，分为系统软件和应用软件。

18. 兼容：计算机部件的通用性。

19. 软件兼容：一个计算机系统上的软件能在另一个计算机系统上运行，并得到相同的结果，则称这两个计算机系统是软件兼容的。

20. 程序：完成某种功能的指令序列。

21. 寄存器：是运算器中若干个临时存放数据的部件，由触发器构成，用于存储最频繁使用的数据。

22. 容量：是衡量容纳信息能力的指标。

23. 主存：又称内存，一般采用半导体存储器件实现，速度较高，成本高，当电源断开时存储器的内容会丢失。

24. 辅存：又称外存，一般通过输入输出部件连接到主存储器的外围设备，成本低，存储时间长。

25. 操作系统：主要的系统软件，控制其他程序的运行，管理系统资源并且为用户提供操作界面。

26. 汇编程序：将汇编语言程序翻译成机器语言程序的计算机软件。

27. 汇编语言：采用文字方式（助记符）表示的程序设计语言，其中大部分指令和机器语言中的指令一一对应，但不能被计算机的硬件直接识别。

28. 编译程序：将高级语言程序转换成机器语言程序的计算机软件。

29. 解释程序：解释执行高级语言程序的计算机软件，解释并立即执行源程序的语句。

30. 系统软件：计算机系统的一部分，进行命令解释、操作管理、系统维护、网络通信、软件开发和输入输出管理的软件，与具体的应用领域无关。

31. 应用软件：完成应用功能的软件，专门为解决某个应用领域中的具体任务而编写。

32. 指令流：在计算机的存储器与 CPU 之间形成的不断传递的指令序列。从存储器流向控制器。

33. 数据流：在计算机的存储器与 CPU 之间形成的不断传递的数据序列。存在于运算器与存储器以及输入输出设备之间。

34. 接口：计算机主机与外围设备之间传递数据与控制信息的电路。计算机可以与多种不同的外围设备连接，因而需要有多种不同的输入输出接口。

35. RAM：随机访问存储器，能够快速方便地访问地址中的内容，访问的速度与存储位置无关。

36. ROM：只读存储器，一种只能读取数据不能写入数据的存储器。

37. SRAM：静态随机访问存储器，采用双稳态电路存储信息。

38. DRAM：动态随机访问存储器，采用电容电荷存储信息。

39. 虚拟内存：为了扩大容量，把辅存当作主存使用，所需要的程序和数据由辅存的软件和硬件自动地调入主存，对用户来说，好像机器有一个容量很大的内存，这个扩大了的存储空间称为虚拟内存。

40. 访问时间：从启动访问存储器操作到操作完成的时间。

41. 访问周期：从一次访问存储的操作到操作完成后可启动下一次操作的时间。

42. 带宽：存储器在连续访问时的数据吞吐率。

43. 段式管理：一种虚拟存储器的管理方式，把虚拟存储空间分成段，段的长度可以任意设定，并可以放大或缩小。

44. 页式管理：一种虚拟内存的管理方式，把虚拟内存空间和实际内存空间等分成固定容量的页，需要时装入内存，各页可装入主存中不同的实际页面位置。

45. 段页式管理：一种虚拟内存的管理方式，将存储空间逻辑模块分成段，每段又分成若干页。

46. 固件：固化在硬件中的固定不变的常用软件。

47. 逻辑地址：程序员编程所用的地址以及 CPU 通过指令访问主存时所产生的地址。

48. 物理地址：实际的主存储器的地址，即“真实地址”。

49. 指令系统：计算机中各种指令的集合，它反映了计算机硬件具备的基本功能。

50. 计算机指令：计算机硬件能识别并能直接执行操作的命令，描述一个基本操作。

51. 指令编码：将指令分成操作码和操作数地址码的几个字段来编码。

52. 指令格式：指定指令字段的个数，字段编码的位数和编码的方式。

53. 指令字长度：一个指令字所占的位数。

54. 操作数寻址方式：指令中地址码的内容及编码方式。

55. 系统指令：改变计算机系统的工作状态的指令。

56. 特权指令：改变执行特权的指令，用于操作系统对系统资源的控制。

57. 自陷指令：特殊的处理程序，又叫中断指令。

第2章

中文 Windows 7 操作系统实验

学习本章的目的是使学生掌握 Windows 7 系统的基本操作，学会磁盘及文件管理，熟悉系统提供的各种程序的操作方法。

实验1　Windows 7 的桌面与窗口操作

一、实验目的

◆ 掌握 Windows 7 的启动和退出、“开始”菜单及桌面的使用等基本操作方法。

◆ 熟悉 Windows 7 的窗口、对话框、菜单的操作方法。

◆ 熟悉“资源管理器”或“计算机”的操作方法。

◆ 熟悉文件和文件夹创建与删除、复制与移动、文件和文件夹的重命名、属性的设置和查看以及文件的查找等相关操作。

◆ 了解 Windows 7 的控制面板及附件的使用方法。

二、预备知识

1. Windows 7 的启动

① 连接好线路后，按下计算机电源开关 POWER 按钮，等待计算机自动执行硬件测试，测试无误后即开始进入 Windows 7 登录界面。

② 单击用户名图标，若没有设置用户密码，就可以直接进入；否则需要输入密码，单击【登录】按钮即可。

启动成功后即进入如图 2-1 所示 Windows 7 桌面环境。

图 2-1　Windows 7 桌面

2. Windows 7 的退出

（1）单击【开始】按钮，在“开始”菜单中单击【关机】按钮，Windows 7 将自动保存用户信息并退出系统。

（2）若单击按钮中的指向右侧的三角按钮，则弹出如图 2-2 所示的关机选项菜单，选择相应的选项，也可完成不同程度上的系统退出。

图 2-2　Windows 7 关机菜单

注：在关闭系统之前，应当先对已完成的工作进行存档，然后再关闭 Windows 7。

3. Windows 7 的桌面

正常启动 Windows 7 后，就会自动进入 Windows 7 桌面，如图 2-1 所示。在桌面上一般会有一系列整齐排列的图标，这些图标的下方都标志有相对应的名称，例如“回收站”“Microsoft Word 2010”等。图标分为两种类型，一种是文件图标，一种是快捷方式图标，它们的意义是不同的：文件图标代表的是存储在“桌面”目录下的计算机文件实体，当用户删除了这个图标，该文件也相应地被删除；而快捷方式图标代表一个快速访问计算机中某个文件的途径，双击快捷方式可以直接访问到其指向的这个文件，而更名、删除、移动快捷方式不会对相应的文件实体产生影响。快捷方式图标的左下角一般有一个向上的箭头，而文件图标则没有。

4. 开始菜单

从 Windows XP 开始，开始菜单区分为“经典开始菜单”和“开始菜单”两种，Windows Vista 以后，微软引导用户将“开始”菜单作为操作的重心，本文介绍的 Windows 7 开始菜单不仅可以访问操作系统安装的所有应用程序，还可以执行绝大部分系统设置命令，所以开始菜单通常被视为操作系统的中央控制区，如图 2-3 所示。

5. 任务栏

任务栏的默认位置在屏幕的底部。在默认情况下，其最左边是【开始】按钮，往右依次是【应用程序任务区】、【语言栏】、【系统通知区】和【显示桌面】按钮，如图 2-4 所示。

6. 窗口

窗口是 Windows 7 应用程序的表现形式，一般窗口具有三种状态：“最大化”“最小化”和“还原”。Windows 7 窗口的组成包括【标题栏】、【地址栏】、【菜单栏】、【工具栏】、【控制菜单按钮】、【最小化按钮】、【最大化按钮】、【关闭按钮】、【滚动条】、【窗口边框】、【窗口角】、【状态栏】、【工作区】、【导航窗格】等，如图 2-5 所示。

7. 对话框

对话框也有【标题栏】和【关闭】按钮，可以移动和关闭对话框。它和窗口的最大区别是不能改变大小，且一般右下角设置有【确定】、【取消】或者【应用】按钮，如图 2-6 所示。

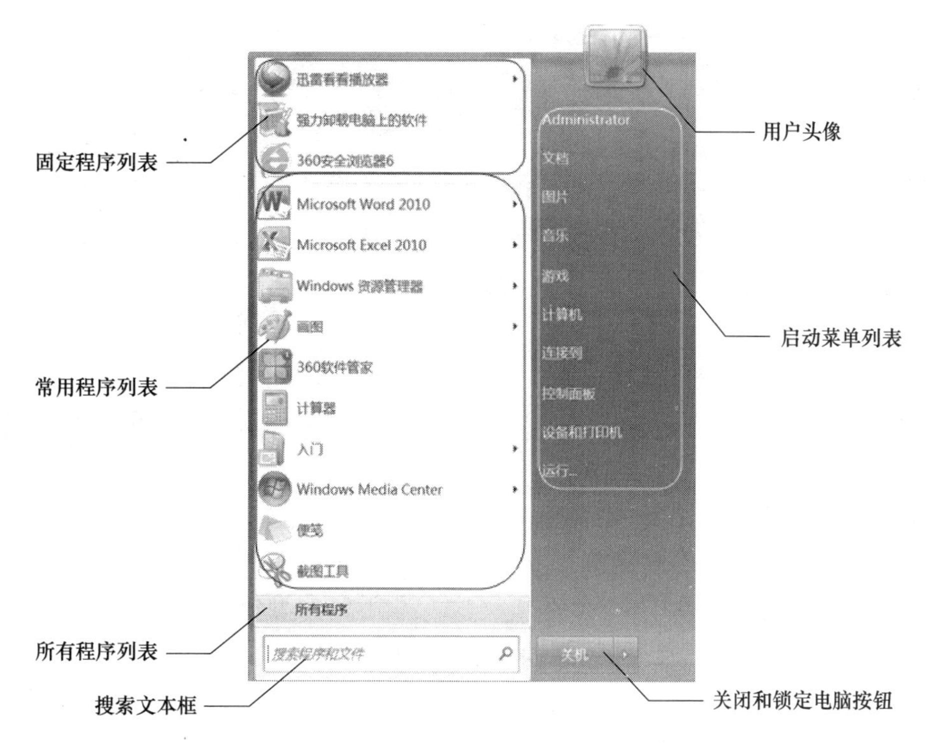

图 2-3　开始菜单

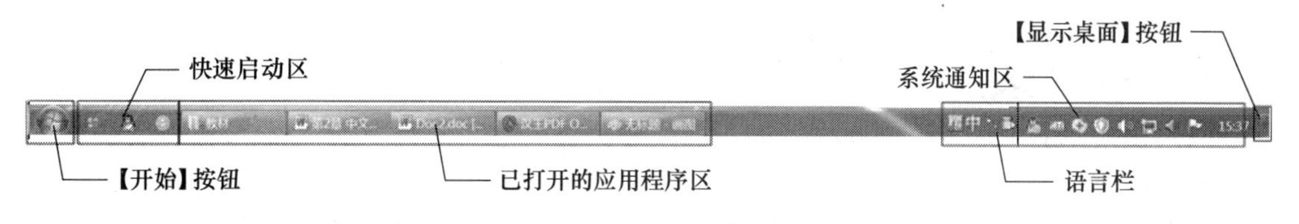

图 2-4　任务栏

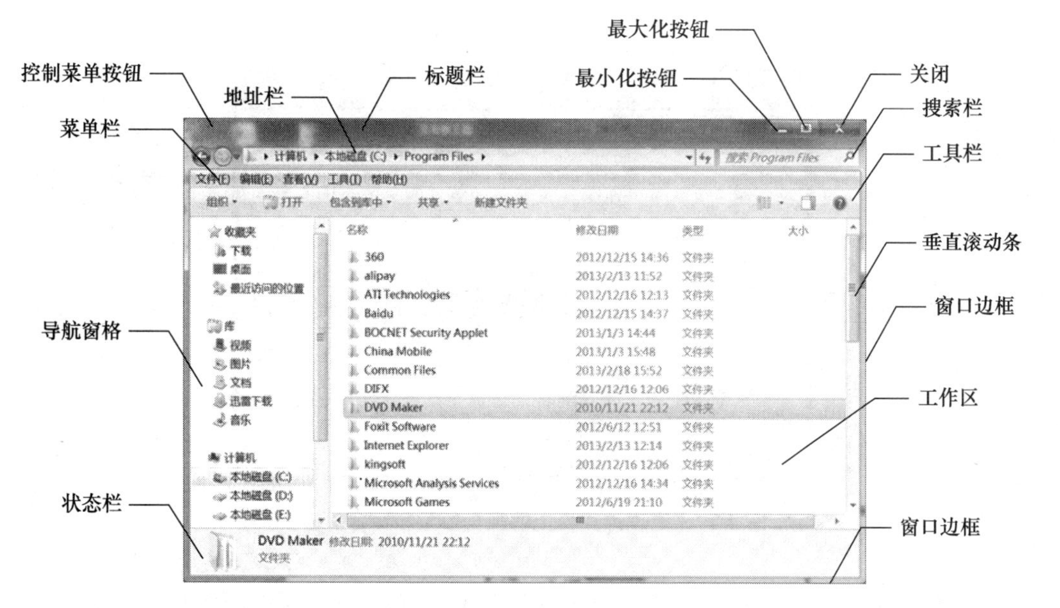

图 2-5　Windows 7 窗口的组成

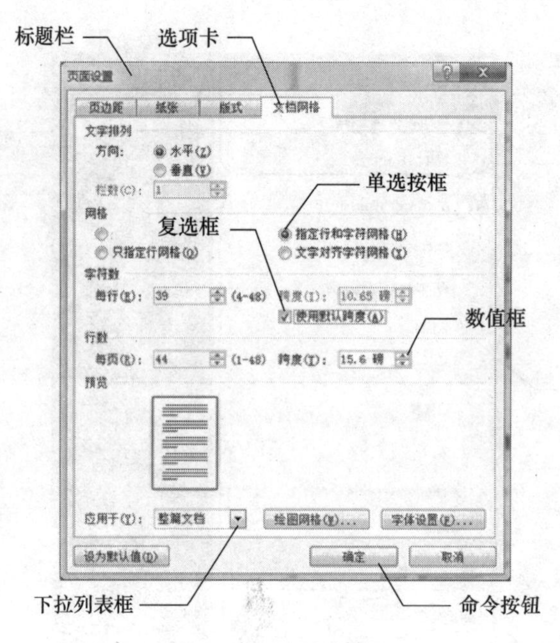

图 2-6　对话框的组成

三、实验内容

启动 Windows 7，完成如下操作：

1. 桌面图标的操作

(1) 在桌面上添加“控制面板”的系统图标。

操作提要：

① 在桌面空白处右击，从弹出的快捷菜单中选择【个性化】命令，打开【更改计算机上的视觉效果和声音】窗口，如图 2-7 所示。

图 2-7　【更改计算机上的视觉效果和声音】窗口

② 在窗口的左边窗格中选择【更改桌面图标】选项，弹出【桌面图标设置】对话框。

如图 2-8 所示。

③ 在【桌面图标】组合框中选择“控制面板”的系统图标，单击【应用】或【确定】按钮。

注：用户若要删除系统图标，可在【桌面图标设置】对话框中取消选中相应图标前方的复选框即可。

(2) 在桌面上建立一个“记事本”程序的快捷方式，图标的名称为“记事本”(记事本程序的位置是：C:\windows \ system32 \ notepad. exe)。

操作提要：

① 双击“计算机”图标，在弹出的“计算机”窗口中双击 C 盘→双击“windows”文件夹→双击“system32”文件夹。

② 在“system32”文件夹中找到“notepad. exe”文件。

③ 右击“notepad. exe”文件图标，选择【发送到】→【桌面快捷方式】。

④ 回到桌面，右击桌面上新创建的“记事本”图标，选择重命名，将其重新命名为“记事本”。

(3) 将桌面上的图标按照“项目类型”排列。

操作提要：

右击桌面空白处，在弹出的快捷菜单中选择【排序方式】级联菜单下的【项目类型】命令，如图 2-9 所示，桌面上的图标就会自动按“项目类型”排列。

图 2-8　【桌面图标设置】对话框

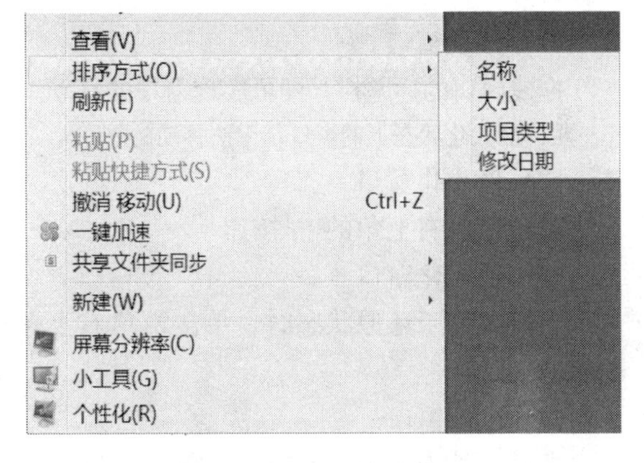

图 2-9　排列桌面图标

2. 设置开始菜单和任务栏

(1) 在“开始”菜单的【固定程序列表】中添加一个“记事本”程序的快捷方式，并通过此快捷方式启动“记事本”应用程序(记事本程序的位置是：C:\windows \ system32 \ notepad. exe)。

操作提要：

① 找到“notepad. exe”文件。

② 右击“notepad. exe”文件，选择【附到「开始」菜单】。

③ 在开始菜单找到新创建的“记事本”图标，单击此图标即启动“记事本”应用程序。

(2) 将“记事本”应用程序的图标锁定在任务栏中。

操作提要：

方法 1：

① 找到“notepad. exe”文件。

② 将“notepad. exe”文件图标拖拽到任务栏上即可锁定。

方法 2：

① 用任意方法启动“记事本”应用程序。

② 在任务栏上找到“记事本”应用程序图标，右击选择【将此程序锁定到任务栏】。

(3) 将任务栏移动到桌面的左侧，然后再将任务栏位置还原。

操作提要：

方法 1：

① 用鼠标右键单击任务栏的空白处，在快捷菜单中取消【锁定任务栏】命令。

② 将任务栏拖动到桌面的左侧，然后再将任务栏拖动到原位置。

方法 2：

用鼠标右键单击任务栏的空白处，执行快捷菜单中的【属性】命令，弹出【任务栏和「开始」菜单属性】对话框，选择【任务栏】选项卡，在选项卡中进行设置，如图 2-10 所示。

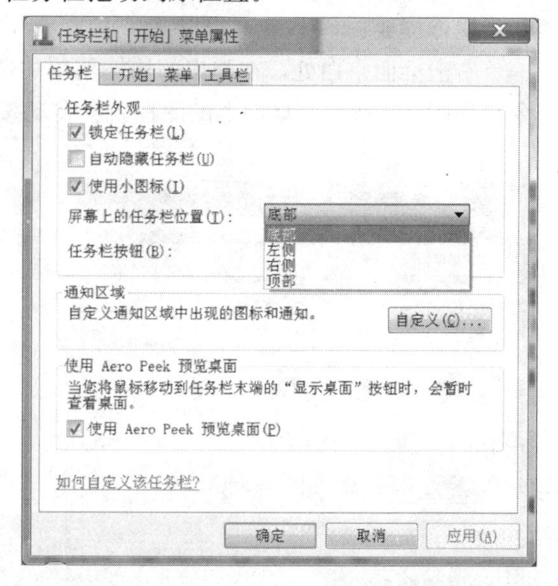

图 2-10　【任务栏和「开始」菜单属性】对话框

3. 窗口的操作

打开“计算机”窗口，完成以下操作。

(1) 移动窗口

拖拽窗口的标题栏，即可实现窗口的移动。

注：最大化状态下的窗口是无法移动的。

(2) 最小化窗口

单击窗口右上角的 ▭ 按钮。

(3) 最大化窗口

当窗口处于还原状态时，单击窗口右上角的 ▭ 按钮。

(4) 还原窗口

当窗口处于最大化状态时，单击窗口右上角的 ▭ 按钮。

(5) 改变窗口的大小

操作提要：

Windows 7 提供了多种改变窗口大小的方式。

• 直接调整窗口大小：当窗口处于还原状态时，将鼠标放在窗口的【边框】或者【窗口角】上，当鼠标变成横、竖或者 45°角的双向箭头时，拖拽鼠标即可改变窗口大小。

• 让窗口垂直方向最大：当窗口处于还原状态时，将鼠标放在窗口的【上边框】或者【下边框】上，出现双向箭头后双击鼠标。

• 让窗口水平方向最大：当窗口处于还原状态时，将鼠标放在窗口的【左边框】或者【右边框】上，出现双向箭头后双击鼠标。

• 让窗口占满半边屏幕：拖拽窗口的标题栏，并将窗口拖拽移动到桌面的右边界处，观察到鼠标上出现一个气泡的效果，松开鼠标窗口即占满右半边屏幕，左半边同理，如图 2-11 所示。

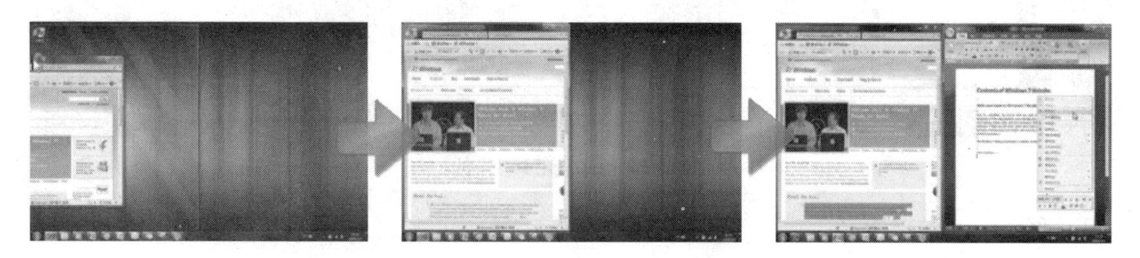

图 2-11　让窗口占满半边屏幕

（6）切换窗口

操作提要：

Windows 7 是一个多用户、多任务操作系统，这时候用户需要在不同任务、窗口直接进行切换。

方法 1：通过选择任务栏上的正在运行的任务图标切换窗口。

方法 2：按下组合键〈Alt〉+〈Tab〉可在不同任务窗口直接切换。

方法 3：按下组合键〈Win〉+〈Tab〉可在不同任务窗口直接切换，如图 2-12 所示。

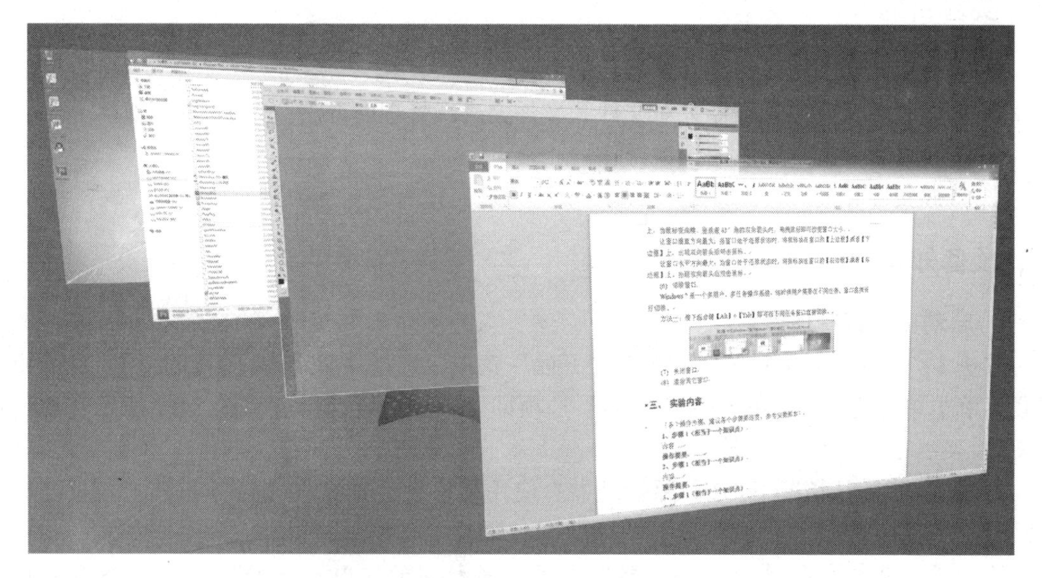

图 2-12　〈Win〉+〈Tab〉切换窗口

（7）最小化其他窗口

操作提要：

Windows 7 为用户提供了一个全新的快速最小化其余窗口的操作方式，首先用鼠标选择一个窗口的标题栏，按下鼠标左边不要松开，然后快速地左右晃动鼠标即可将其余窗口最小化，如图 2-13 所示。

图 2-13　最小化其他窗口

四、练习

1. 打开“开始”菜单附件内的画图程序，熟悉窗口的各种操作（画图程序在所有程序→附件里能够找到）。

2. 在桌面建立“Word 2010”、“Excel 2010”和“PowerPoint 2010”的快捷方式。

3. 自定义“开始”菜单，将【按名称排序“所有程序”菜单】和【帮助】移除，将【要显示的最后打开过的程序的数目】改为 6，其余保持默认设置。

4. 通过任务栏打开日期和时间对话框，再次在对话框中设置日期和时间。

实验 2　Windows 7 中的文件管理

一、实验目的

◆ 掌握启动和关闭【资源管理器】的方法。

◆ 掌握利用【资源管理器】对文件和文件夹进行管理的方法。

◆ 了解【文件夹选项】的相关操作。

◆ 掌握文件和文件夹属性的设置。

二、预备知识

1. 启动【资源管理器】

方法 1：单击【开始】按钮，打开“开始”菜单，选择【所有程序】|【附件】，在弹出的级联菜单中单击【Windows 资源管理器】选项即可，成功启动后进入图 2-14 所示资源管理器窗口。

方法 2：在默认情况下，【资源管理器】应用程序已经锁定在【任务栏】上，只要单击【开始】按钮右侧的【资源管理器】图标即可，如图 2-15 所示。

注：【计算机】和【资源管理器】本质上是相同的，因为它们执行同一个应用程序“explorer. exe”，只是初始状态下打开的目录有所不同。

2. 利用【资源管理器】对文件和文件夹进行管理

(1) 访问文件或文件夹。

单击【导航窗格】中文件夹的小箭头▷，可展开此文件夹，看到它所包含的下一级文件夹，单击【导航窗格】中文件夹的黑色小箭头◢，可折叠此文件夹，单击【导航窗格】中的文件夹，可在【文件夹内容窗格】内显示该文件夹所包括的所有内容。

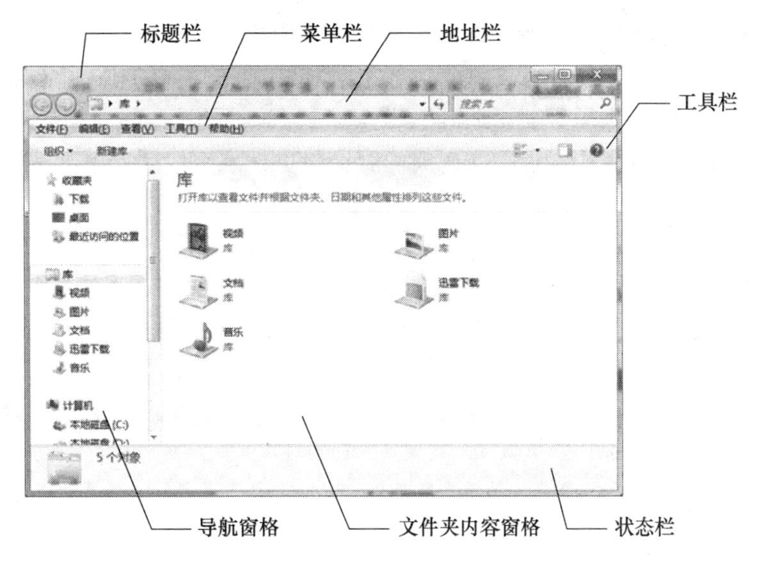

图 2-14 【资源管理器】窗口

图 2-15 任务栏上的资源管理器

(2) 选定文件或文件夹。

单个对象的选定：单击【导航窗格】或者【文件夹内容窗格】内显示的一个文件（夹），被选定的文件（夹）会高亮显示。

连续多个对象的选定：

方法 1：在【文件夹内容窗格】中，单击要选定的第一个对象，然后移动鼠标指针至要选定的最后一个对象，按住〈Shift〉键不放并单击最后一个对象，如图 2-16 所示。

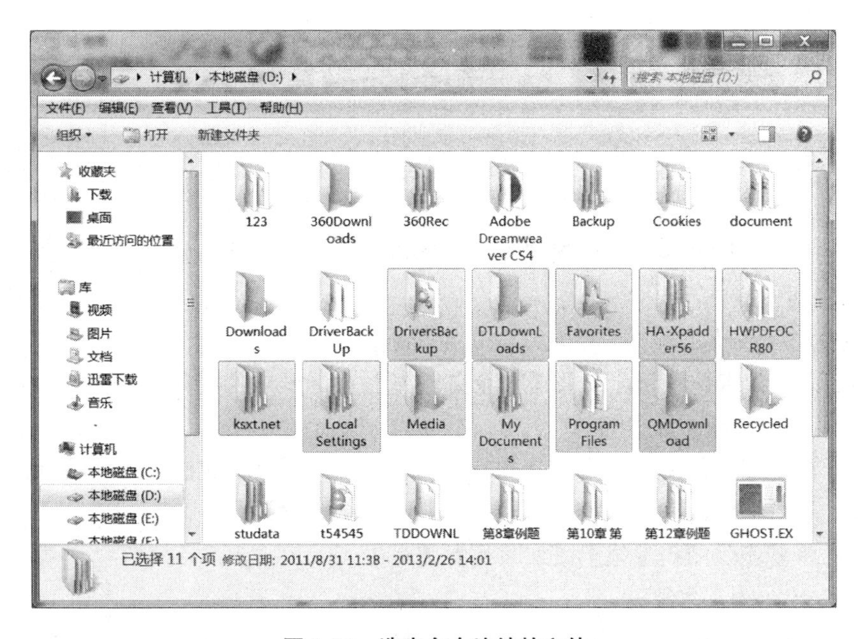

图 2-16 选定多个连续的文件

方法 2：用鼠标左键从连续对象区的右上角外开始向左下角拖动，这时就出现一个虚线矩形框，直到此虚线矩形框围住所要选定的所有对象为止，然后松开左键。

不连续多个对象的选定：在【文件夹内容】窗格中，按住〈Ctrl〉键不放，单击所要选定的每一个对象，都选择好后，就可放开〈Ctrl〉键。

取消选定的对象：只需用鼠标在文件夹内容窗格中任意空白区处单击一下，全部取消已选定的对象。

(3) 创建文件夹。

首先，打开新建文件夹所在的文件夹（可以是驱动器文件夹或其下的各级文件夹），然后：

方法 1：选择【文件】菜单中的【新建】子菜单中的【文件夹】命令，如图 2-17 所示。

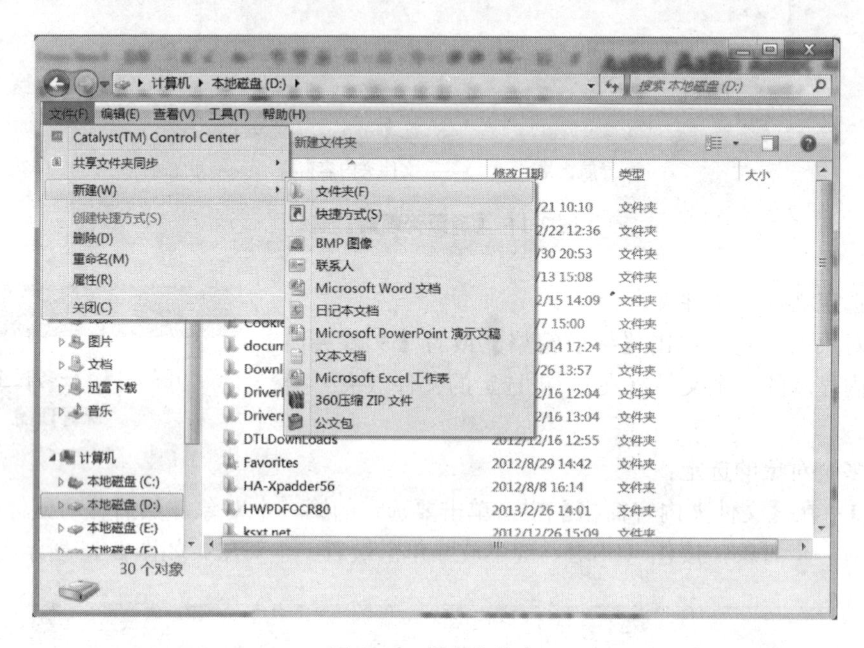

图 2-17　新建文件夹

方法 2：右键单击【文件夹内容】窗格中任意空白处，在快捷菜单中指向【新建】|【文件夹】。

方法 3：在工具栏直接单击【新建文件夹】按钮，然后给【新建文件夹】命名即可。

(4) 删除文件或文件夹。

删除文件或文件夹的具体方法是首先选定要删除的一个或多个对象，然后：

方法 1：按〈Delete〉键，单击【删除文件夹】对话框中的【是】按钮；如果想取消本次删除操作，可单击【否】按钮。

方法 2：单击【文件】菜单中的【删除】命令或工具栏中【组织】|【删除】命令。

方法 3：右击选定的对象，打开快捷菜单，选择【删除】命令。

方法 4：将要删除的对象拖至【回收站】图标处。

(5) 重命名文件或文件夹。

方法 1：在文件或文件夹图标上右击，弹出快捷菜单，选择【重命名】，再输入新名称。

方法 2：先选定文件或文件夹，选择【文件】|【重命名】，再输入新名称。

方法 3：先选定文件或文件夹，单击此文件或文件夹的名称，等待出现细线框且进入编辑状态，再输入新名称。

（6）还原在【回收站】内的文件或文件夹。

方法 1： 双击打开【回收站】，在文件或文件夹右击，弹出快捷菜单，选择【还原】。

方法 2： 双击打开【回收站】，选定文件或文件夹，选择【文件】|【还原】。

（7）移动和复制文件或文件夹。

文件或文件夹的移动是通过【剪切】和【粘贴】组合命令完成，而复制是通过【复制】和【粘贴】组合命令完成，具体操作如下：

方法 1： 先选定文件（夹），选择【编辑】|【剪切】或者【复制】，再打开目标文件夹，选择【编辑】|【粘贴】。

方法 2： 先选定文件或文件夹，按下组合键〈Ctrl〉+〈X〉（剪切）或者〈Ctrl〉+〈C〉（复制），再打开目标文件夹，按下组合键〈Ctrl〉+〈V〉（粘贴）。

方法 3： 在文件或文件夹右击弹出快捷菜单，选择【剪切】或者【复制】，再打开目标文件夹，在空白处右击弹出快捷菜单，选择【粘贴】。

（8）搜索文件或文件夹。

方法 1： 单击【开始】按钮，从弹出的“开始”菜单中的【搜索程序和文件】文本框中输入想要查找的信息即可。

注：“开始”菜单中的【搜索程序和文件】文本框不仅可以搜索到文件或者文件夹，还可以搜索到包含搜索关键字的应用程序、设置选项等。

方法 2： 如果已知该对象处于某个目录下，可以在【资源管理器】中首先定位到该目录，再在【地址栏】旁边的【搜索】文本框进行搜索。

（9）设置文件或文件夹的显示和排序方式。

设置文件或文件夹的显示方式：

方法 1： 打开【查看】菜单，可以将文件或文件夹的显示方式设置成超大图标、大图标、中等图标等 8 种显示方式。

方法 2： 使用【工具栏】右侧的显示方式拖动条，可以将文件或文件夹的显示方式及大小进行快速设置，如图 2-18 所示。

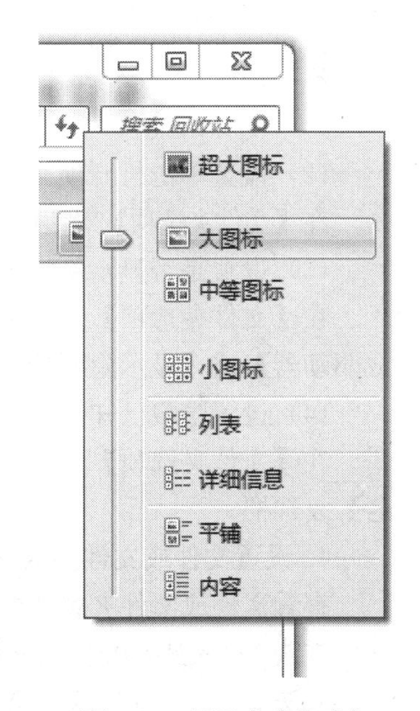

图 2-18　显示方式拖动条

设置文件或文件夹的排序方式：

方法 1： 打开【查看】|【排序方式】菜单，在默认情况下，可以将文件或文件夹的排序方式设置为名称、修改日期、类型、大小等 4 种，【更多】选项中可以选择其他排序方式。

方法 2： 在空白处右击弹出快捷菜单，选择【排序方式】，其功能与方法 1 中一致。

3. 设置文件夹选项

在【资源管理器】窗口内选择【工具】|【文件夹选项】，打开如图 2-19 所示的对话框，可以在这里配置资源管理器的文件夹选项。

（1）设置在同一窗口中打开每个文件夹。

在【文件夹选项】对话框中，打开【常规】选项卡，选择【在同一窗口中打开每个文件夹】单选按钮。

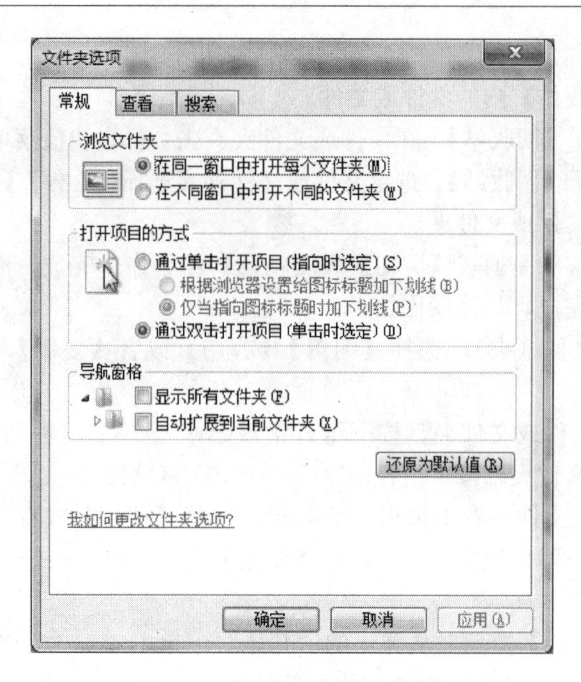

图 2-19 【文件夹选项】对话框

(2) 设置单击打开项目。

在【文件夹选项】对话框中，打开【常规】选项卡，选择【通过单击打开项目】单选按钮。

(3) 设置是否显示隐藏文件。

在【文件夹选项】对话框中，打开【查看】选项卡，选择【不显示隐藏的文件、文件夹或驱动器】或【显示隐藏的文件、文件夹和驱动器】其中的一项。

(4) 设置隐藏已知文件类型扩展名。

在【文件夹选项】对话框中，打开【查看】选项卡，勾选【隐藏已知文件类型的扩展名】复选框。

4. 设置文件或文件夹的属性

查看文件或文件夹属性的方法有两种：

方法 1：先选定文件或文件夹，选择【文件】|【属性】。

方法 2：右击选定的对象，打开快捷菜单，选择【属性】。

在本地磁盘属性对话框中，可以设置磁盘盘符、查看可用空间等，在文件属性对话框中，可以查看文件位置、大小，修改文件的【只读】和【隐藏】属性等，如图 2-20 所示。

三、实验内容

1. 建立目录树结构

在计算机 E 盘中建立图 2-21 所示的目录树结构。

操作提要：

① 启动【资源管理器】，展开“计算机”目录。

② 单击 E 盘进入其根目录。

③ 选中【文件】|【新建】|【文件夹】，输入新建的文件夹名字“Windows 7 操作系统”。

④ 展开 E 盘，此时可以看到 E 盘里面新建的“Windows 7 操作系统”文件夹。

图 2-20　文件属性对话框

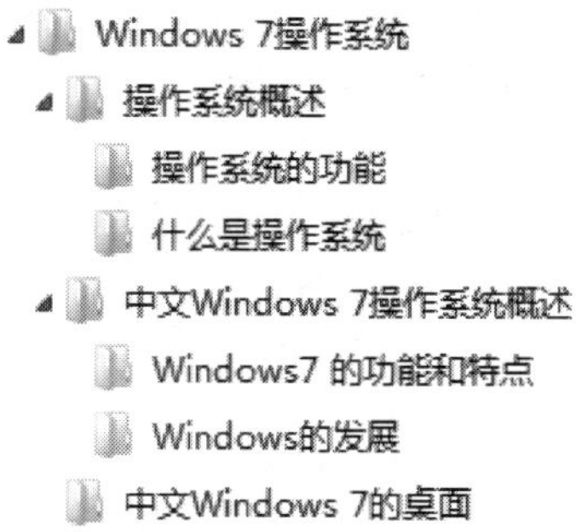

- Windows 7操作系统
  - 操作系统概述
    - 操作系统的功能
    - 什么是操作系统
  - 中文Windows 7操作系统概述
    - Windows7 的功能和特点
    - Windows的发展
  - 中文Windows 7的桌面

图 2-21　目录树结构

⑤ 用类似的操作分别建立剩下的文件夹。

2. 文件夹选项的设置

设置【文件夹选项】为“显示已知文件类型的扩展名”和“显示设置了隐藏属性的文件”。

操作提要：

① 启动【资源管理器】，选择【工具】|【文件夹选项】。

② 切换到【查看】选项卡，在【高级设置】列表框内，选中【显示隐藏的文件、文件夹和驱动器】单选按钮。

③ 在【高级设置】列表框内，去掉【隐藏已知文件类型的扩展名】复选按钮。

3. 对文件（夹）进行管理

（1）设置资源管理器为“显示已知文件类型的扩展名”。

（2）将目录“C:\windows”下文件按照【类型】进行排序。

（3）选择所有“.exe”结尾的文件（可执行文件），将其复制到“实验内容 1”中建立的“中文 windows 7 的桌面”文件夹下。

（4）在目录“C:\windows\system32”下搜索文件“notepad.exe”，并将其复制到“实验内容 1”中建立的“windows 的发展”文件夹下。

（5）将“实验内容 1”中建立的“中文 windows 7 的桌面”文件夹移动到“中文 windows 7 操作系统概述”文件夹下。

操作提要：

① 按照“实验内容 2”中所述方法设置“显示已知文件类型的扩展名”。

② 在【资源管理器】中展开“本地磁盘 C”，单击“Windows”文件夹，在“Windows”文件夹内容显示窗格空白处右击，在弹出的快捷菜单中选择【排序方式】|【类型】。

③ 用“鼠标拖拽框选”或者“〈Shift〉键选择连续多个对象”的方法选定所有“.exe”

结尾的可执行文件。

④ 使用组合键〈Ctrl〉+〈C〉复制所选内容，打开“中文 Windows 7 的桌面”文件夹，使用组合键〈Ctrl〉+〈V〉粘贴复制到剪贴板的内容。

⑤ 打开目录“C:\Windows \ System32”，在【搜索】文本框内输入“notepad. exe”，选定搜索到的“notepad. exe”文件，如图 2-22 所示。

⑥ 在“notepad. exe”文件上右击，在弹出的快捷菜单中选择【复制】，打开“Windows 的发展”文件夹，在空白处右击，在弹出的快捷菜单中选择【粘贴】。

⑦ 打开“Windows 7 操作系统”文件夹，选中“中文 Windows 7 的桌面”文件夹。

⑧ 使用组合键〈Ctrl〉+〈X〉剪切所选内容，打开“中文 Windows 7 操作系统概述”文件夹，使用组合键〈Ctrl〉+〈V〉粘贴复制到剪贴板的内容。

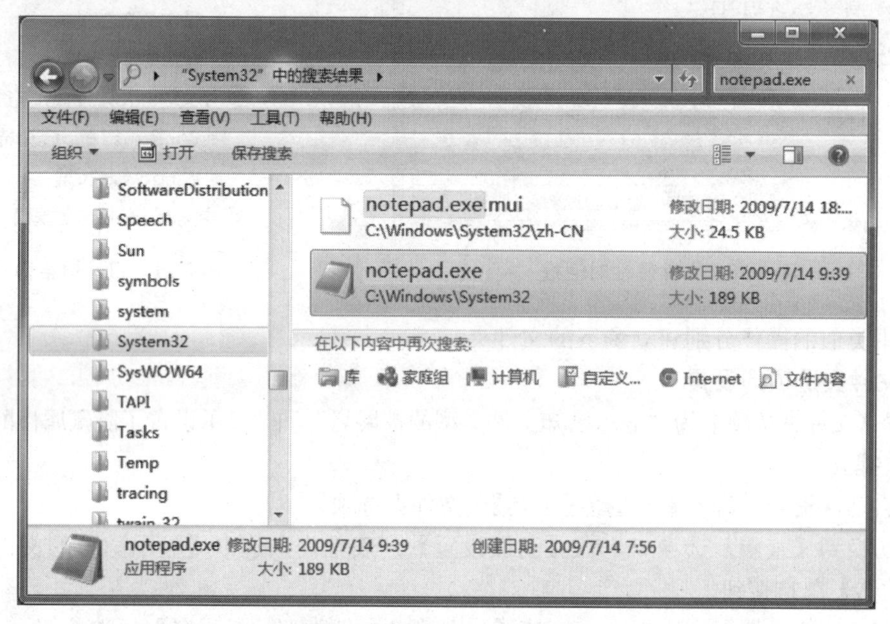

图 2-22　搜索“notepad. exe”

4. 设置文件和文件夹的属性

(1) 将“中文 Windows 7 操作系统概述”文件夹及其所有子文件夹和文件设置【隐藏】属性。

(2) 将“操作系统概述”文件夹及其子文件夹和文件设置【只读】属性。

(3) 物理删除“Windows 7 操作系统”文件夹及其所有子文件夹和文件。

操作提要：

① 进入“Windows 7 操作系统”文件夹，选定“中文 Windows 7 操作系统概述”，右击该文件夹，在弹出菜单中选择【属性】。

② 勾选【隐藏】复选框，单击【应用】按钮，并在弹出的【确认属性更改】对话框中，选定【将更改应用于此文件夹、子文件夹和文件】单选按钮，再单击【确定】按钮。

③ 选定“操作系统概述”，右击该文件夹，在弹出菜单中选择【属性】。

④ 勾选【只读】复选框，单击【应用】按钮，并在弹出的【确认属性更改】对话框中，选定【将更改应用于此文件夹、子文件夹和文件】单选按钮，再单击【确定】按钮。

⑤ 选定“Windows 7 操作系统”文件夹，使用组合键〈Shift〉+〈Delete〉，在弹出的对话框

中选择【确定】将"Windows 7 操作系统"文件夹彻底删除。

四、练习

1. 在 E 盘建立图 2-23 所示的目录树结构。

2. 将目录"C:\Windows\System32"下所有".txt"结尾的文件复制到"计算机科学与技术系"文件夹中。

3. 查找"C:\Windows\System32"中名字为"cmd.exe"的文件，将其复制到"物理系"文件夹中。

4. 将"物理系"文件夹中的"cmd.exe"文件设置【隐藏】属性。

5. 将"清华大学"文件夹及其所有子文件夹和文件删除。

- 清华大学
  - 理学院
    - 数学科学系
    - 物理系
  - 人文学院
    - 外国语言文学系
    - 中国语言文学系
  - 信息科学技术学院
    - 电子工程系
    - 计算机科学与技术系

图 2-23　目录树结构

实验 3　配置 Windows 7

一、实验目的

◆ 掌握 Windows 7 外观和主题的设置方法。

◆ 熟悉控制面板的主要功能。

◆ 掌握在控制面板中进行系统配置的基本方法。

二、预备知识

1. 控制面板的启动

启动控制面板最简单的方法是单击【开始】按钮，在弹出的"开始"菜单右侧的【启动菜单列表】选择【控制面板】选项，打开如图 2-24 所示的【控制面板】窗口。

控制面板中内容的查看方式有三种，分别为【类别】、【大图标】和【小图标】，可通过图 2-24 右上角的【类别】下拉列表框来选择不同的显示形式。图 2-24 为【类别】视图显示

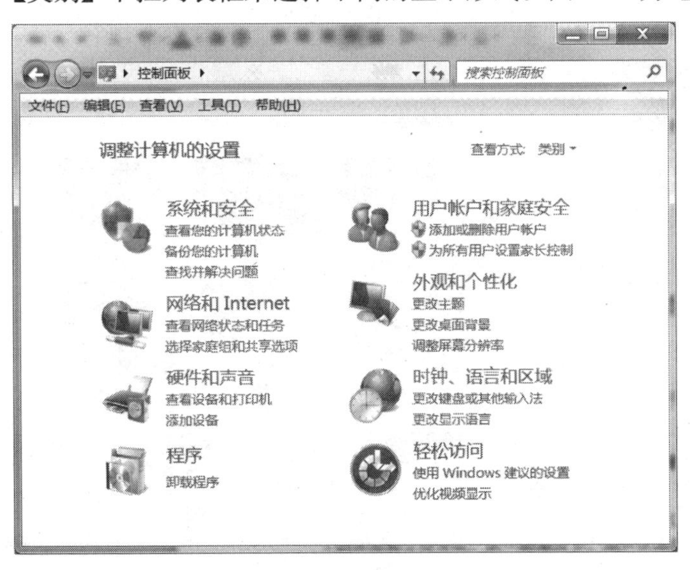

图 2-24　控制面板【类别】视图

形式，图 2-25 为【大图标】视图显示形式，【小图标】和【大图标】显示形式基本相同。

图 2-25 控制面板【大图标】视图

2. 利用控制面板进行系统设置

（1）个性化的设置

在控制面板【大图标】视图中单击【个性化】图标，可打开【个性化】窗口，如图 2-26

图 2-26 【个性化】窗口

所示，从中可以设置主题、桌面背景、窗口颜色、声音、屏幕保护程序等属性。

设置主题：打开【个性化】窗口后，在【Aero 主题】或者【基本和高对比度主题】任意一栏中选择一个主题图标就能更换 Windows 7 主题了。

设置桌面背景：在【个性化】窗口中，单击【桌面背景】，即可打开桌面背景窗口，可通过选定文件（夹）同样的方法，将桌面背景选定为一个或者多个，如图 2-27 所示。

设置屏幕保护：在【个性化】窗口中，单击【屏幕保护程序】，即可打开如图 2-28 所示的【屏幕保护程序设置】对话框，在【屏幕保护程序】下拉列表中选择一种屏幕保护程序，在【等待】文本框中设置需要等待的时间，单击【确定】按钮。

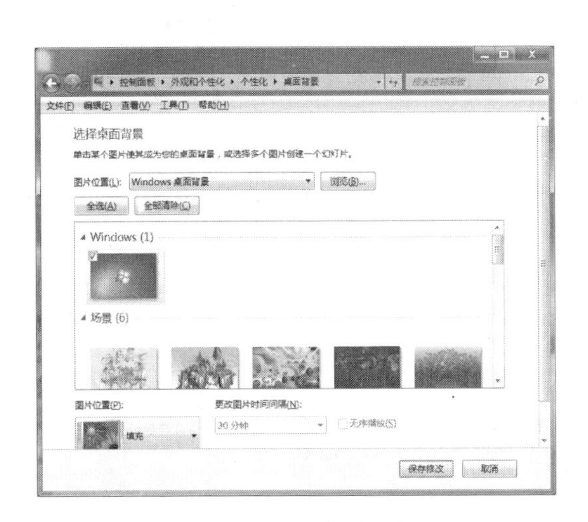

图 2-27　【桌面背景】窗口

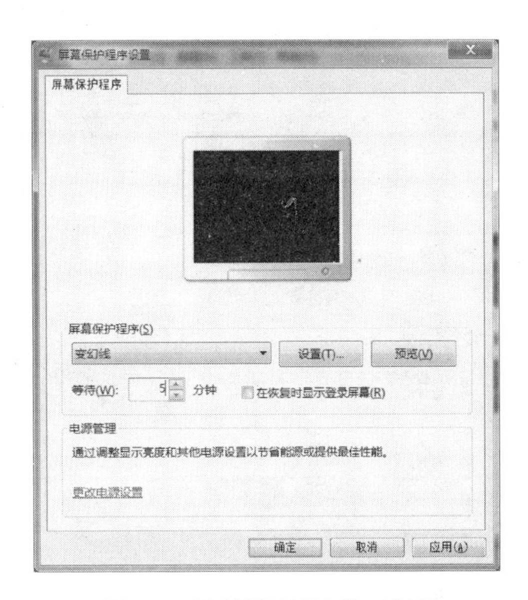

图 2-28　【屏幕保护设置】对话框

（2）设置显示分辨率

① 在桌面上空白处右击，在弹出的快捷菜单中选择【屏幕分辨率】命令，打开【屏幕分辨率】窗口，如图 2-29 所示。

② 在【屏幕分辨率】窗口中，打开【分辨率】下拉列表，可以调整屏幕分辨率，调整结束后，单击【确定】按钮。

（3）设置桌面小工具

在桌面空白处右击，从弹出的快捷菜单中选择【小工具】命令，在如图 2-30 所示的【小工具库】窗口中，选定想要添加的小工具，右击在弹出的快捷菜单中选择【添加】，或者直接将选定的小工具拖拽到桌面。

（4）设置鼠标

在控制面板中单击【鼠标】图标，即可打开如图 2-31 所示的【鼠标属性】对话框，从中可以设置鼠标双击速度、更改鼠标显示方案、设置鼠标移动速度和鼠标滑轮速度等。

（5）设置日期和时间

在控制面板中单击【日期和时间】图标，打开如图 2-32 所示【日期和时间】对话框，从中可以设置日期和时间、更改时区、设置 Internet 时间等。

图 2-29 【屏幕分辨率】窗口

图 2-30 【小工具库】窗口

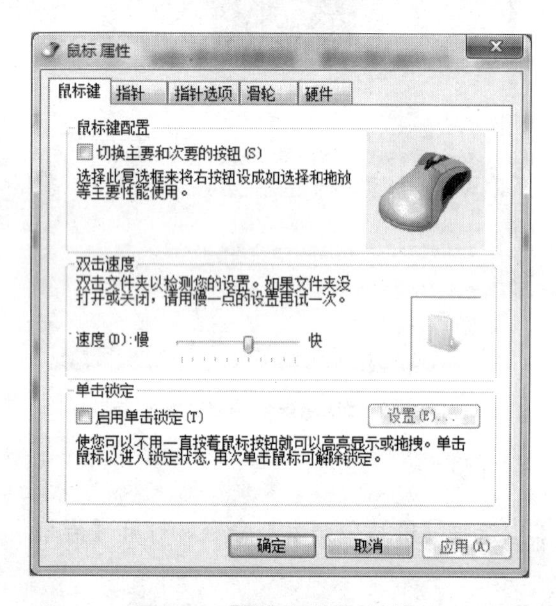

图 2-31 【鼠标属性】对话框

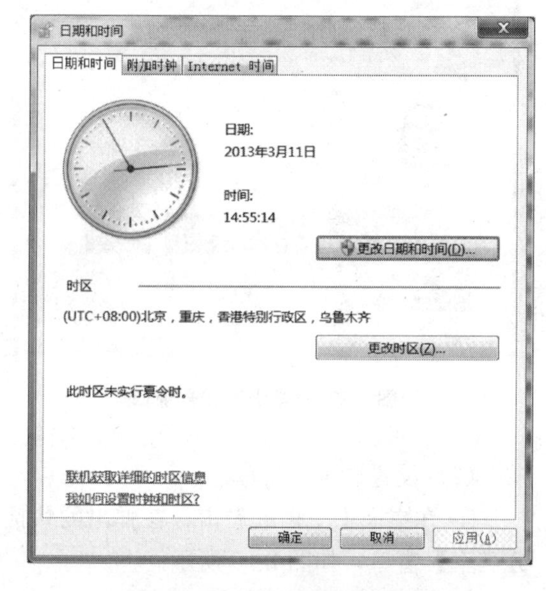

图 2-32 【日期和时间】对话框

（6）设置区域和语言

在控制面板中单击【区域和语言】图标，打开如图 2-33 所示的【区域和语言】对话框，从中可以更改系统时间显示格式、更改位置和显示语言等。

（7）添加和删除输入法

输入法的添加和删除需要在【文本服务和输入语言】对话框进行操作，进入【文本服务和输入语言】的方法有两种：

方法 1：

① 单击控制面板窗口中的【区域和语言】图标，打开【区域和语言】对话框，如图 2-33 所示。

② 切换到【键盘和语言】选项卡，单击【更改键盘】按钮，打开【文本服务和输入语言】对话框，如图 2-34 所示。

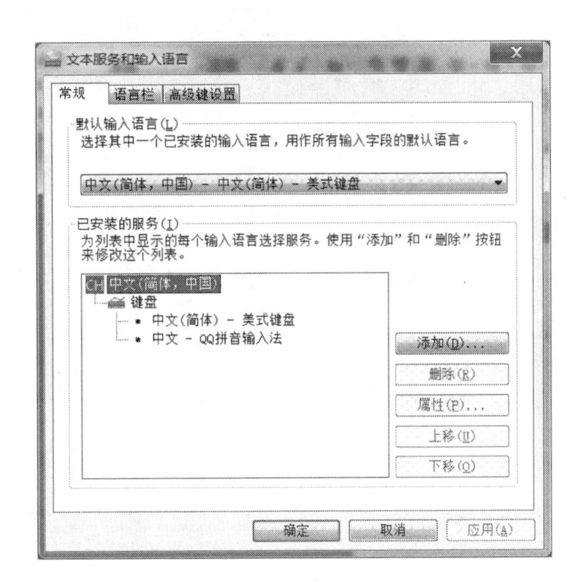

图 2-33 【区域和语言】对话框　　图 2-34 【文本服务和输入语言】对话框

方法 2：在【任务栏】的【语言栏】上的“CH/EN”图标上右击选择【设置】进入【文本服务和输入语言】对话框，如图 2-35 所示。

■ **添加新的已安装输入法**

① 单击【添加】按钮，显示【添加输入语言】对话框，如图 2-36 所示。

② 在列表框中用复选框选择要添加的语言及输入法之后单击【确定】按钮。

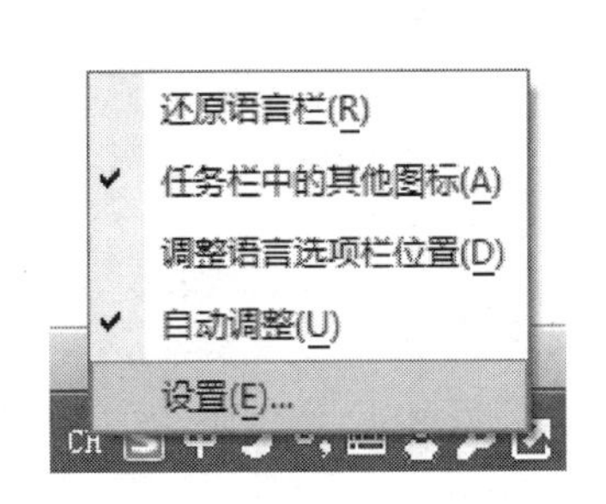

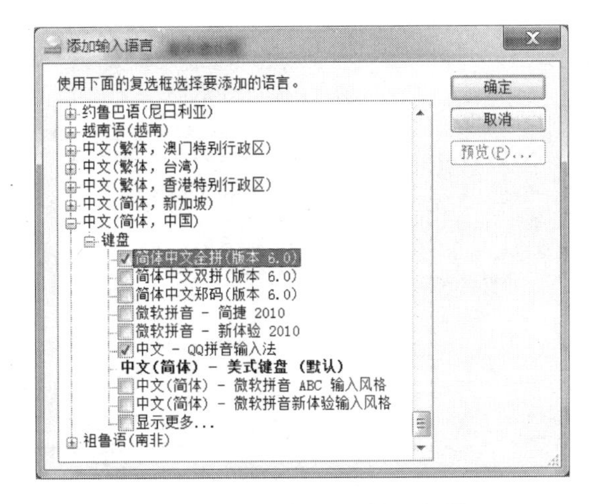

图 2-35 【语言栏】　　图 2-36 【添加输入语言】对话框

■ **删除输入法**

在【文本服务和输入语言】对话框内，选定要删除的输入法，单击【删除】按钮即可。

(8) 设置程序和功能

■ **删除应用程序**

① 在控制面板中单击【程序和功能】图标，打开如图 2-37 所示的【程序和功能】窗口。

② 选择程序，然后单击“卸载”，在弹出的卸载确认对话框中单击【确定】按钮。

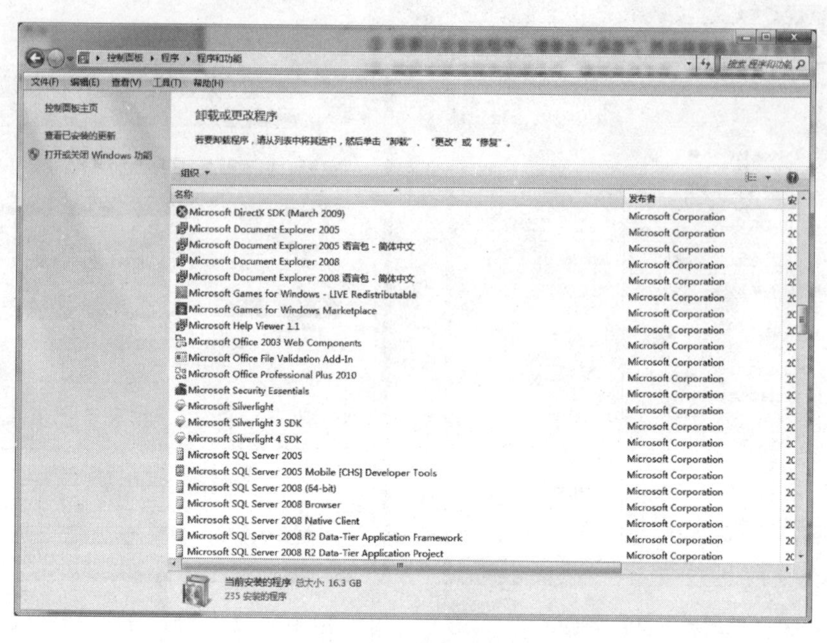

图 2-37 【程序和功能】窗口

■ **打开关闭 Windows 7 功能**

① 在【程序和功能】窗口中选择【打开或关闭 Windows 功能】，如图 2-38 所示。

② 选择该功能旁边的复选框打开某个 Windows 功能，清除该复选框关闭某个 Windows 功能，单击【确定】按钮。

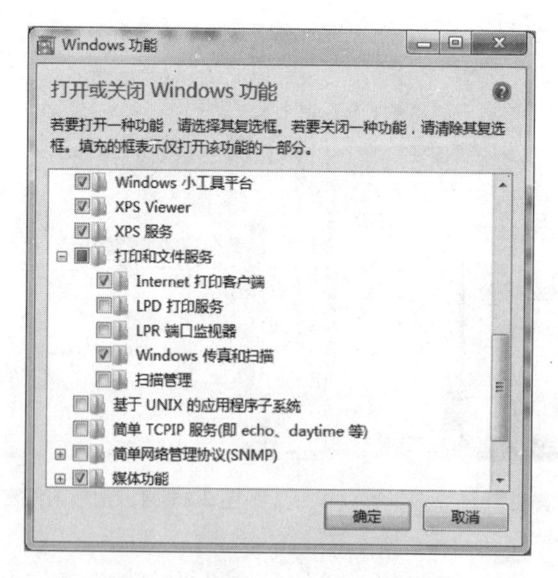

图 2-38 【Windows 功能】对话框

3. 设置 Windows 7 用户帐户

用户帐户的设置需在【管理帐户】窗口内进行，在控制面板中单击【用户帐户】图标，打开如图 2-39 所示的【用户帐户】窗口，从中可以进行更改用户帐户，创建新帐户、删除帐户等设置。

图 2-39 【用户帐户】窗口

4. 添加打印机

在控制面板中单击【设备和打印机】图标，打开【设备和打印机】窗口，单击【添加打印机】，弹出一个【添加打印机向导】对话框，可为 Windows 7 安装一个本地打印机或网络打印机。

三、实验内容

1. 设置屏幕分辨率及主题

(1) 将屏幕分辨率设置成以下三种中任意一种：800×600、1024×768、1280×1024。

操作提要：

① 在桌面上空白处右击，在弹出的快捷菜单中选择【屏幕分辨率】命令，打开【屏幕分辨率】窗口。

② 单击【分辨率】旁边的下拉列表，将滑块移动到所需的分辨率（800×600、1024×768 或者 1280×1024），如图 2-40 所示，然后单击【应用】按钮。

③ 单击【保留】按钮使用新的分辨率。

(2) 设置屏幕保护程序为“彩带”，进入屏幕保护程序的等待时间为 10 分钟。

操作提要：

① 在桌面右击，选择【个性化】。

② 在【个性化】窗口中，单击【屏幕保护程序】。

③【屏幕保护程序】下拉列表中选择【彩带】，

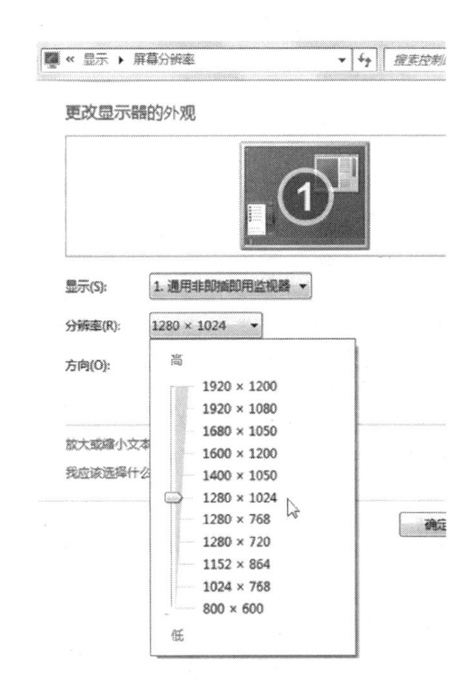

图 2-40　设置显示分辨率

在【等待】文本框中输入“10”，单击【确定】按钮。

(3) 更换 Windows 主题为“人物”。

操作提要:

① 在桌面右击，选择【个性化】。

② 在【个性化】窗口中，选择“人物”Aero 主题。

2. 打开和关闭 Windows 功能

打开“Telnet 服务”功能，并关闭“游戏”功能。

操作提要:

① 在控制面板中选择【程序和功能】|【打开或关闭 Windows 功能】。

② 在【Windows 功能】对话框内，选定“Telnet 服务”复选框，如图 2-41 所示。

③ 在【Windows 功能】对话框内，去除“游戏”复选框，如图 2-42 所示。

图 2-41　打开“Telnet 服务”

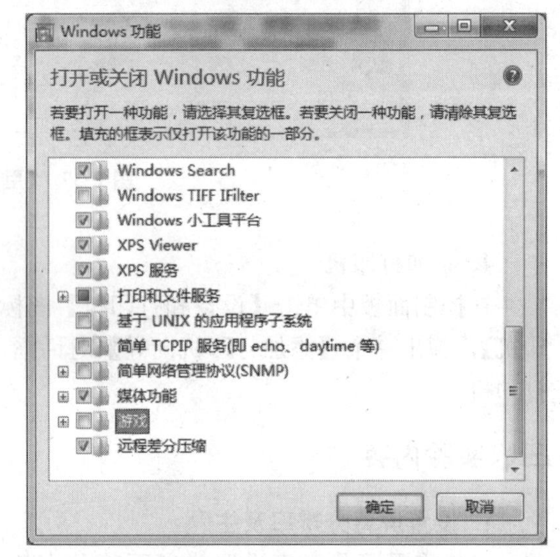

图 2-42　关闭“游戏”功能

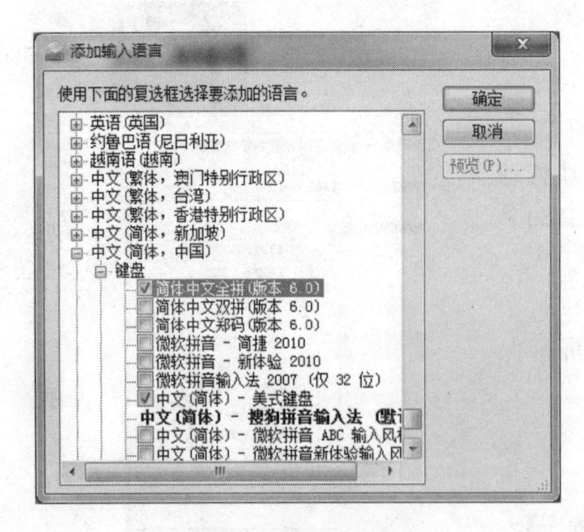

图 2-43　添加输入法

3. 设置输入法

添加“简体中文全拼”输入法，并且将其设为默认输入法。

操作提要:

① 在控制面板中选择【区域和语言】选项，打开【区域和语言】对话框。

② 单击【键盘和语言】选项卡，然后单击【更改键盘】。

③ 在【已安装的服务】下，单击【添加】。

④ 展开“中文（简体，中国)”，再展开“键盘”，选择【简体中文全拼】，然后单击【确定】，如图 2-43 所示。

4. 添加用户帐户

为操作系统添加一个管理员用户，用户名为“Student”，用户图片为“海星”，帐户密码为“123456”。

操作提要：

① 在控制面板中单击【用户帐户】，打开【用户帐户】窗口，单击【管理其他帐户】→单击【创建一个新帐户】。

② 键入用户帐户名称“Student”，选择帐户类型为管理员，然后单击【创建帐户】。

③ 单击刚新建好的帐户图标进入帐户设置窗口。

④ 单击【为您的帐户创建密码】，设置密码为“123456”。

⑤ 单击【更改图片】，更改帐户图片为“海星”。

5. 添加打印机

为操作系统添加一台“HP”厂商生产，产品型号为“hp business inkjet 1200”的本地打印机，然后再将其删除（不需要硬件设备，只需在软件上添加即可）。

操作提要：

① 在控制面板中单击【设备和打印机】，进入窗口，单击【添加打印机】。

② 在【添加打印机向导】中，单击【添加本地打印机】。

③ 在【选择打印机端口】页上，请确保选择【使用现有端口】按钮和建议的打印机端口，然后单击【下一步】按钮。

④ 在【安装打印机驱动程序】页上，选择打印机制造商“HP”和型号“hp business inkjet 1200”，如图 2-44 所示。

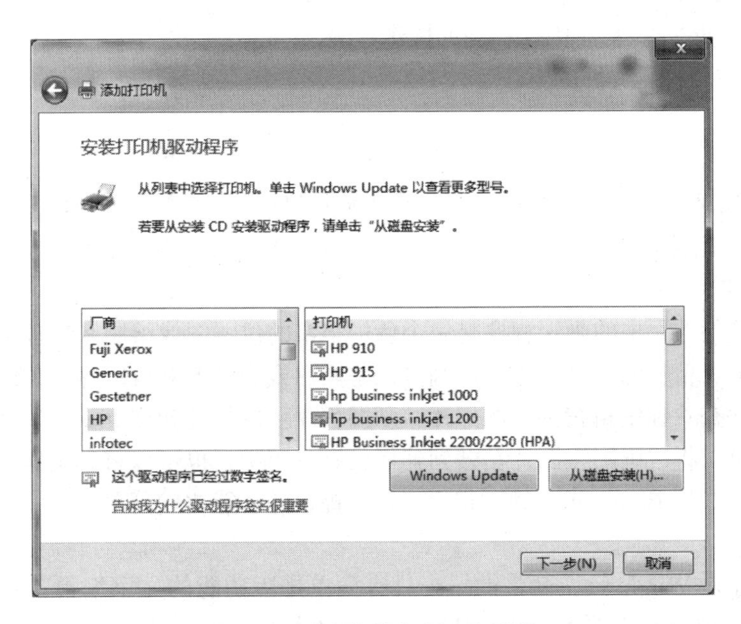

图 2-44　选择打印机厂商和型号

⑤ 选择“使用当前已安装的驱动程序（推荐）”，单击【下一步】按钮。

⑥ 按默认状态填写剩余选项，然后单击【完成】按钮。

图 2-45 删除打印机

⑦ 右击新添加的打印机，选择【删除设备】，如图 2-45 所示，单击【是】按钮。

四、练习

1. 更换 Windows 主题为“建筑”并设置桌面背景为 Windows 7 默认背景（蓝色背景的中间有一个 Windows 标识）。

2. 查看当前系统安装的所有应用程序，尝试通过网络下载安装 QQ 聊天软件。

3. 将当前输入法删除，安装任意一个新的输入法。

4. 为操作系统添加一个标准用户，用户名为“Teacher”，用户图片为“吉他”，用户密码为“111111”。

5. 为操作系统添加一台“Canon”厂商生产，产品型号为“Canon Inkjet iP100 series”的本地打印机，然后再将其删除。

实验 4 使用 Windows 7 附件程序

一、实验目的

- ◆ 了解 Windows 7 附件程序。
- ◆ 掌握 Windows 7 常用附件程序的操作方法。
- ◆ 掌握压缩和解压文件的方法。

二、预备知识

激活附件程序的方法是一致的，单击【开始】|【所有程序】|【附件】，就可以看到 Windows 7 中自带的附件程序，单击相应的程序名即可运行相应的附件程序。

1. 画图程序

Windows【附件】中的画图程序是一个色彩丰富的位图图像绘制和处理工具，用户可以用它创建简单或者精美的图画。这些图画可以是黑白或彩色的并可以存为位图文件，甚至还可以用画图程序查看和编辑扫描好的照片，画图程序可以处理如“.jpg”“.gif”或“.bmp”格式的文件。可以将“画图”图片粘贴到其他已有文档中，也可以将其用作桌面背景。与专业图形处理程序（如 Photoshop 等）相比，它所提供的功能比较简单。

2. 写字板

写字板程序是 Windows 7 自带的一个具有简单排版功能的文字编辑工具。其操作方法与 Word 2010 的使用方法基本一致，其默认文件格式为 RTF。请参看教材中的 Word 章节。

3. 记事本

记事本是一个基本的文本编辑器，用于纯文本文件的编辑，默认文件格式为 TXT。记事本编辑功能没有写字板强大，用记事本保存的文件不包含特殊格式代码或控制码。记事本可以被 Windows 的大部分应用程序调用，常被用于编辑各种高级语言程序文件，并成为创建网页 HTML 文档的一种较好的工具。

4. 计算器

Windows 7 自带的计算器程序除了具有标准型模式外，还具有科学型、程序员和统计信息模式，同时还附带了单位转换、日期计算和工作表等功能。Windows 7 中计算器的使用与现实中计算器的使用方法基本相同，使用鼠标单击操作界面中相应的按钮即可计算。

5. 截图工具

Windows 7 自带的截图工具用于帮助用户截取屏幕上的图像，并且可以对截取的图像进行编辑。

6. 压缩和解压文件

Windows 7 支持在右键快捷菜单中快速压缩和解压文件，操作十分简单。

三、实验内容

1. 使用画图程序

使用画图程序绘制一个简易的 Windows 开始按钮。

操作提要：

① 在【附件】中启动【画图】程序，如图 2-46 所示。

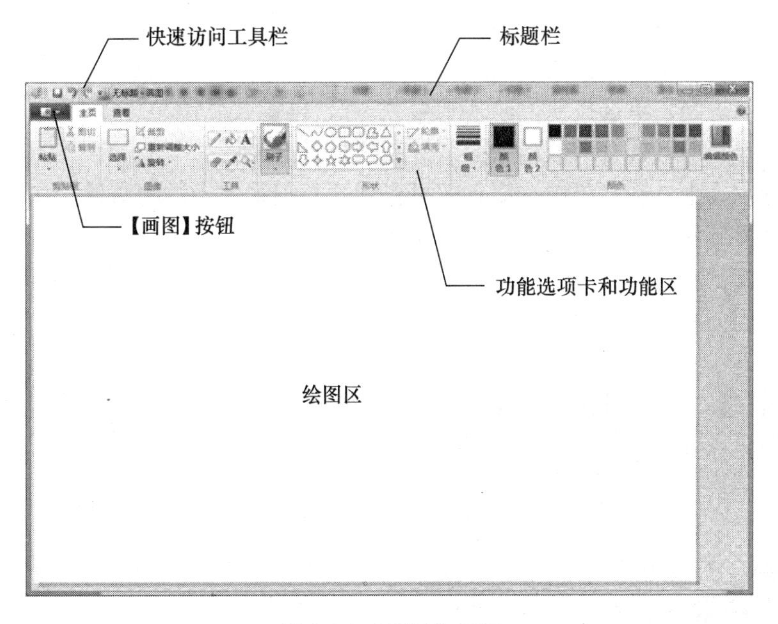

图 2-46 【画图】窗口

② 在【形状】组中选择【椭圆形】，设置【轮廓】为纯色，【填充】为不填充，【颜色 1】为黑色。

③ 按下键盘〈Shift〉按键在画布中拖拽鼠标指针绘制一个正圆形，如图 2-47（1）所示。

④ 在【形状】组中选择【直线】，其余设置保持不变。

⑤ 在圆的中间部分绘制 4 条直线，如图 2-47（2）所示。

⑥ 在【形状】组中选择【曲线】，其余设置保持不变。

⑦ 在圆的中间部分绘制 4 条曲线，如图 2-47（3）所示。

⑧ 使用【橡皮擦】将多余的线条擦除，如图 2-47（4）所示。

⑨ 使用【油漆桶】，选择恰当的颜色为画好的图标填上颜色，如图 2-47（5）所示。

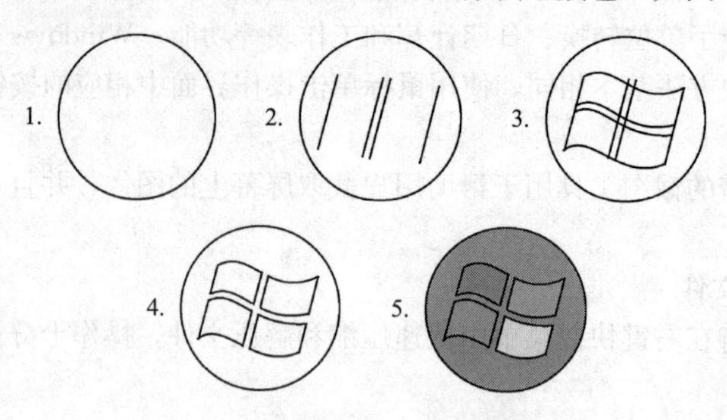

图 2-47　绘制 Windows 开始按钮

2. 使用计算器

使用计算器计算“十进制 2”乘以“二进制 1000”的十进制和二进制结果。

操作提要：

① 在【附件】中启动【计算器】程序。

② 单击【查看】|【程序员】切换到程序员模式。

③ 选中【十进制】单选按钮，输入“2”。

④ 选中【二进制】单选按钮，输入乘号“*”，再输入“1000”。

⑤ 单击“=”即可查看两数相乘的二进制结果。

⑥ 再次选中【十进制】单选按钮，即可查看两数相乘的十进制结果，如图 2-48 所示。

3. 使用截图工具

截取“使用计算器”实验内容中的“十进制计算结果”窗口，将其复制到【画图】程序中，并在【桌面】保存为一张名为“计算器”的 JPEG 格式的图片。

操作提要：

① 在【附件】中启动【截图工具】程序，如图 2-49 所示。

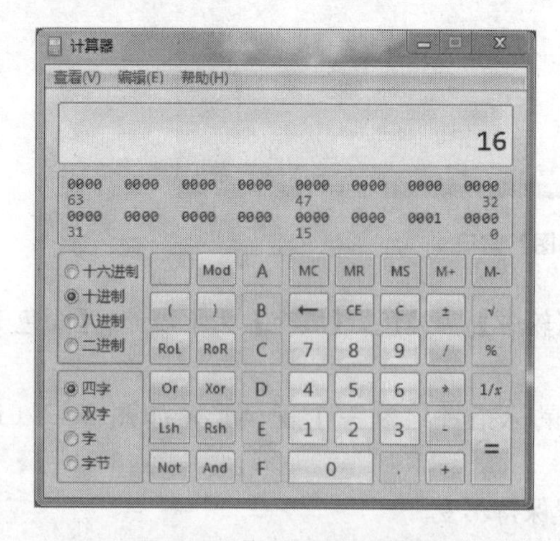

图 2-48 【程序员】计算器

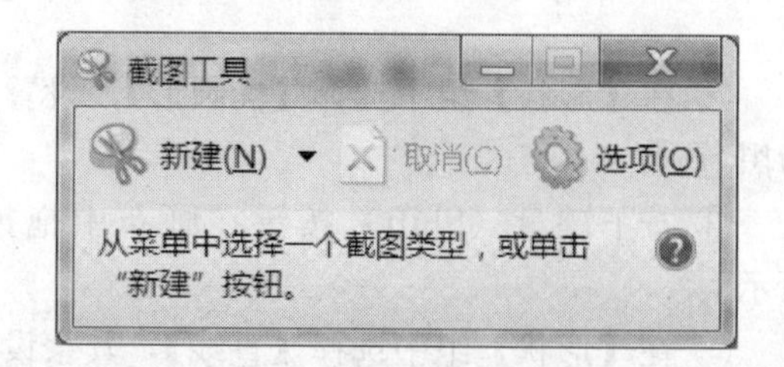

图 2-49 【截图工具】程序窗口

② 单击【新建】右边的向下箭头，选择【窗口截图】。

③ 将鼠标移动至【计算器】的“十进制计算结果”窗口，单击。

④ 打开【画图】程序，在画布中单击一下鼠标，按下组合键〈Ctrl+V〉。

⑤ 单击【画图】按钮，然后单击【保存】。

⑥ 在【保存类型】框中，选择“JPEG”文件格式，在左侧的导航窗格中选择【桌面】作为保存位置。

⑦ 在【文件名】框中键入“计算器”，然后单击【保存】。

4. 压缩和解压文件

将“使用截图工具”实验内容保存在桌面的图片压缩，命名为“计算器压缩”，再将其解压到 E 盘。

操作提要：

① 选定保存在桌面的“计算器.jpg”图片。

② 右击，在弹出的快捷菜单中选择【发送到】，然后单击【压缩（zipped）文件夹】。

③ 右键单击新建的压缩文件，单击【重命名】，然后键入“计算器压缩”。

④ 双击打开新建的压缩文件，选择压缩包内的“计算器.jpg”图片，利用【复制】+【粘贴】的命令将其复制到 E 盘。

四、练习

1. 使用【截图工具】为【计算器】程序窗口截图，将其截图复制到【画图】程序里；在【记事本】内输入如下文字：

使用计算器
您可以使用计算器进行如加、减、乘、除这样简单的运算。计算器还提供了编程计算器、科学型计算器和统计信息计算器的高级功能。 可以单击计算器按钮来执行计算，或者使用键盘键入进行计算。通过按 Num Lock，您还可以使用数字键盘键入数字和运算符。

2. 将这段文字添加到【画图】程序里，放置在计算器截图的旁边，最终效果如图 2-50 所示。在【桌面】将其保存为一张名为“计算器介绍”的 JPEG 格式的图片。

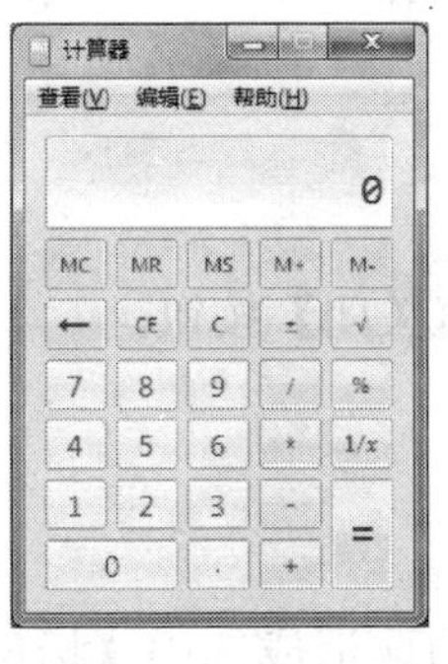

使用计算器
您可以使用计算器进行如加、减、乘、除这样简单的运算。计算器还提供了编程计算器、科学型计算器和统计信息计算器的高级功能。
可以单击计算器按钮来执行计算，或者使用键盘键入进行计算。通过按 Num Lock，您还可以使用数字键盘键入数字和运算符。

图 2-50　计算器截图和文字

3. 将第 2 题中保存在桌面的图片压缩，命名为“计算器介绍压缩”，再将其解压到 E 盘。

第3章

文字处理软件 Word 2010 实验

本章实验的目的是使学生熟练掌握文字处理软件 Word 2010 的基本操作方法，并能综合运用 Word 2010 的功能解决实际问题。本章的主要内容包括文档的基本操作和排版、表格的制作、图文混排以及长文档的排版。

实验1 Word 2010 的基本操作

一、实验目的

◆ 掌握中文 Word 2010 的启动和退出，熟悉 Word 的工作界面及组成。

◆ 掌握中文 Word 2010 文字编辑的常用方法。

◆ 掌握中文 Word 2010 文档的创建、打开、保存和关闭。

◆ 掌握文档的基本编辑，包括文本的选定、删除、修改、复制、移动、插入、撤销和恢复等操作。

◆ 掌握文档的保护方法。

二、预备知识

1. Word 2010 的启动和退出

■ **启动 Word 2010 的常用方法有以下 3 种：**

方法 1：单击【开始】|【所有程序】|【Microsoft Office】|【Microsoft Word 2010】菜单命令，就可以启动 Word 2010，同时计算机会自动建立一个新的文档，如图 3-1 所示。

方法 2：双击桌面上的 Word 2010 快捷方式图标“”

方法 3：双击已有的 Word 2010 文档图标。

■ **退出 Word 的常用方法有以下 3 种：**

方法 1：单击【文件】|【退出】。

方法 2：单击 Word 2010 工作界面右上角的【关闭】按钮。

方法 3：直接按快捷键〈Alt〉+〈F4〉。

2. 调整工作界面

(1) 隐藏/显示标尺

切换到【视图】功能区，在【显示】选项组中取消或选中【标尺】复选框即可隐藏/显示标尺。

(2) 展开/最小化功能区

单击窗口右上角的“”按钮（或使用〈Ctrl〉+〈F1〉组合键）即可最小化功能区，功能

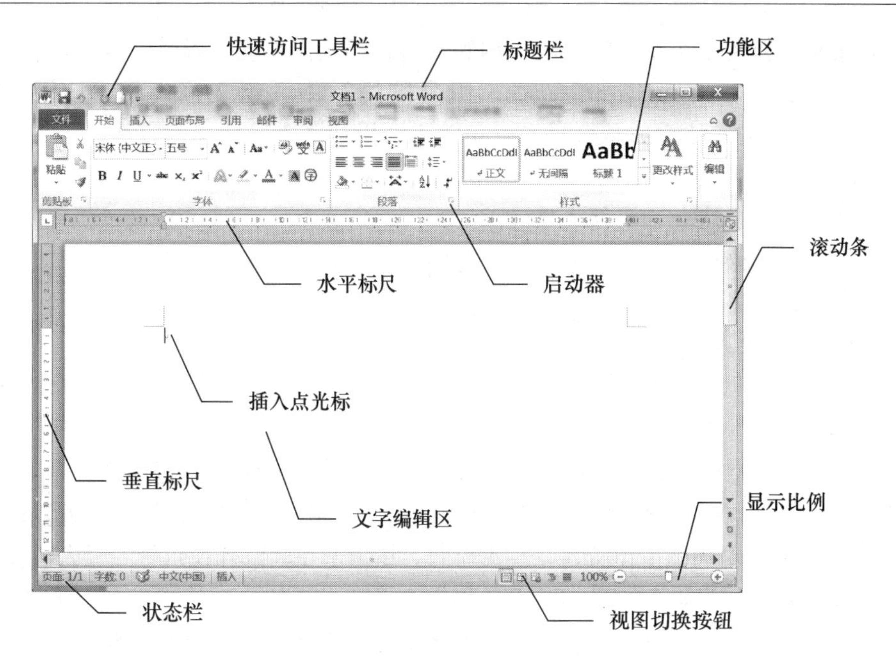

图 3-1　Word 2010 窗口

区被隐藏时仅显示功能区功能名称。单击“ ”按钮（或使用〈Ctrl〉+〈Fl〉组合键）即可恢复功能区。

（3）自定义功能区

Word 2010 允许用户自定义功能区，可以创建功能区，也可以在功能区下创建组，让功能区更符合自己的使用习惯。执行【文件】|【选项】命令，打开【Word 选项】对话框，切换到【自定义功能区】选项卡，在自定义功能区列表中，选择相应的主选项卡，可以自定义功能区显示的主选项，如图 3-2 所示。

图 3-2　【自定义功能区】选项卡

3. 文字编辑的常用方法

（1）插入：选定插入点，状态栏显示【插入】时，输入内容。

（2）改写：选定插入点，状态栏显示【改写】（可使用键盘上的〈Insert〉键切换或单击状态栏上的【插入】按钮切换）时，输入内容将覆盖插入点右侧字符。

（3）文字输入：用〈Ctrl〉+〈Space〉组合键进行中、英文输入切换，用〈Ctrl〉+〈Shift〉组合键选择输入法，或从屏幕右下角输入法指示器直接选择输入法。

4. 文档的新建、打开、保存

（1）创建新文档：建立一个新文件。

（2）打开已有文档：对已存在的文件进行阅读、编辑或打印。

（3）保存文档：将当前文档保存到指定磁盘文件夹上。

5. Word 文档的录入规则

（1）不要每行都回车。Word 具有自动换行的功能，只有在一个段落结束时才能使用回车换行。

（2）不要用插入空格的办法来产生缩进和对齐。通过段落格式设置可以达到对齐效果。

（3）要经常存盘。Word 2010 默认 10 分钟自动存盘一次，用户可使用【文件】|【选项】命令，在【Word 选项】对话框中设置自动存盘时间，尽量避免因意外死机导致录入内容丢失。

（4）使用【撤销】功能。如果在录入过程中，无意操作使文档格式发生很大变化，这时不需要重新操作一次，只要单击窗口左上角的【撤销】按钮就可以恢复原状。

（5）注意保留备份。计算机硬盘的故障，或者无意删除了文件，都会带来重大损失。对于重要文件应养成保留备份的好习惯。

6. 文档的基本编辑操作

（1）阅读文档

阅读文档的方法有 2 种：

方法 1：用鼠标按住滚动条并拖动它，则可以快速移动文档。此时插入点并不移动。

方法 2：使用键盘上编辑区的〈PageUp〉、〈PageDown〉及上下左右四个方向键，此时插入点也随之移动。

（2）选定文本

用户对文本进行移动、删除或复制等操作之前，必须选定该文本。选定文本的方法，如表 3-1所示。

表 3-1　选定文本的方法

选　定	操　作
一个单词	双击该单词
一句	按住〈Ctrl〉键，将鼠标光标移到所要选句子的任意处单击一下
一行文本	将鼠标“I”形指针移到这一行左端的选定区，当鼠标指针变成斜向右上方的箭头时单击
多行文本	选定一行文本后，拖动鼠标，则可选定若干行文本
一段	将鼠标“I”形指针移到该段左端的选定区，当鼠标指针变成斜向右上方的箭头时双击，或在这一段中的任意位置三击
多段	选中一个段落后，按住〈Shift〉键，在最后一个段落中任意位置单击
整个文档	按快捷键〈Ctrl+A〉，或将鼠标指针移到文档左侧的选定区并连续快速三击鼠标左键
矩形文本区	将鼠标指针移动到所选区域的左上角，按住〈Alt〉键，拖动鼠标直到区域的右下角，放开鼠标

（3）删除文本

选定欲删除的文本后，删除文本方法有 3 种：

方法 1： 利用【开始】|【剪贴板】功能组中的【剪切】按钮。

方法 2： 利用右键快捷菜单的【剪切】命令。

方法 3： 按〈Delete〉键或〈Backspace〉键。

（4）复制或移动文本

在编辑文档的时候，经常需要将某些文本从一个位置移动到另一个位置，或者需要重复输入一些前面已经输入过的文本，可以使用移动或复制文本，复制文本是一常用的操作，与移动文本的操作类似。

（5）重复操作

若想重复前一次操作，单击窗口左上角的【重复】按钮即可。

（6）撤销操作

若想撤销前一次操作，单击窗口左上角的【撤销】按钮即可。

7. 文档的保护

执行【文件】|【另存为】，在弹出的对话框中选择【工具】|【常规选项】，弹出【常规选项】对话框。在【常规选项】对话框中设置【打开文件时的密码】，再次打开该文档时，可以限制打开文档；设置【修改文件时的密码】则再次打开该文档时，允许查看，但不允许修改。这样，就起到了保护文档的作用。

三、实验内容

1. 启动 Word 2010，创建新文档

操作提要：

双击桌面上 Word 2010 的快捷方式图标，或者单击【开始】|【所有程序】|【Microsoft Office】|【Microsoft Word 2010】命令，启动 Word 2010，同时计算机会自动建立一个新的空白文档。

2. 输入文字和符号

在文档中录入以下内容：

全球流感警戒级别上升

核心提示：继在 11 日宣布将全球流感大流行的警戒级别提升至最高级 6 级后，世界卫生组织通过各种途径反复强调，尽管流感大流行已经到来，但从疫情的严重程度看，目前尚处于“中等”。

新华网日内瓦 6 月 12 日电：继在 11 日宣布将全球流感大流行的警戒级别提升至最高级 6 级后，世界卫生组织通过各种途径反复强调，尽管流感大流行已经到来，但从疫情的严重程度看，目前尚处于“中等”。

世卫组织在其官方网站上说，目前流感大流行的 6 级评定体系主要是根据病毒的地域传播范围而评估的，不涉及疫情的严重程度。世卫组织总干事陈冯富珍也重申，宣布流感大流行并不一定意味着疾病的严重程度或致死率有了显著提高。

3. 插入文件

在文章末尾另起一行，插入文件“add1. docx”。

操作提要：

① 把插入点移到文章的末尾，按回车键。

② 单击【插入】选项卡，在【文本】栏中，单击【对象】按钮对象右边的下拉箭头，打开【对象】下拉菜单，单击【文件中的文字】按钮，打开【插入文件】对话框。

③ 在【插入文件】对话框中，选定文件“add1. docx”所在的文件夹，找到该文件后，选定文件。

④ 单击【确定】按钮，就可在插入点指定处插入所需的文档的内容。

4. 保存文档

将文档以“全球流感警戒级别上升 . docx”为文件名保存在“文档”文件夹下。

操作提要：

① 单击【文件】下拉菜单中的【保存】命令或【快速访问工具栏】中的【保存】按钮，显示【另存为】对话框，如图 3-3 所示。

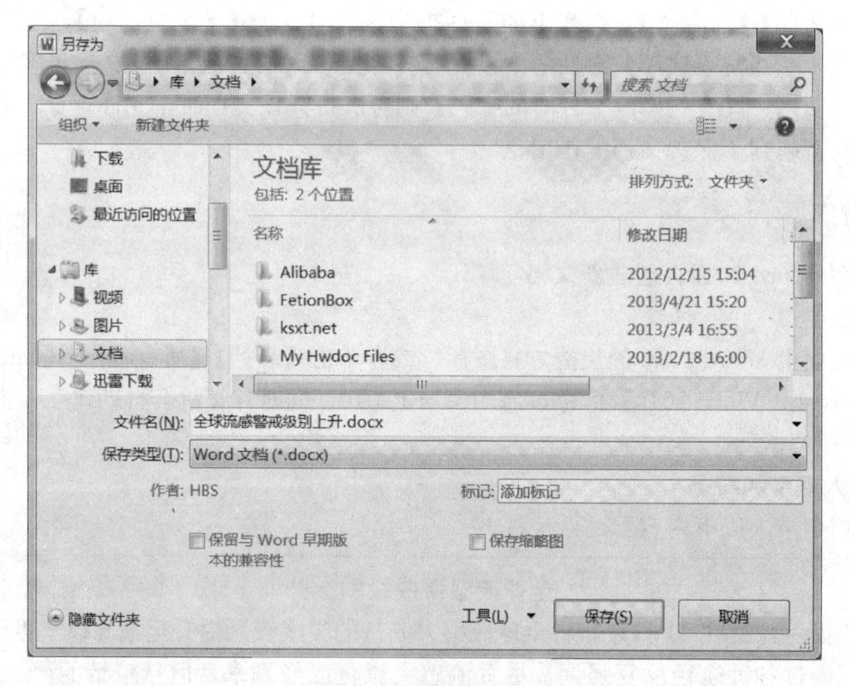

图 3-3 【另存为】对话框

② 在【另存为】对话框左侧，选择保存的位置，例如【库】|【文档】。

③ 在【文件名】文本框中输入文件的名称“全球流感警戒级别上升”。

④ 在【保存类型】下拉列表框中一般选用默认的【Word 文档（ *. docx)】。

⑤ 单击【保存】按钮。

如果当前编辑的是已命名过的旧文档，选择【文件】|【保存】命令时不会出现【另存为】对话框，而直接保存到原来的文档中以当前内容代替原来内容，当前编辑状态保持不变。

选择【文件】|【另存为】命令时，将打开【另存为】对话框，这时可以为当前编辑过文档更改名字、保存位置或文件类型。

5. 关闭文档

操作提要：

单击标题栏右边的【关闭】按钮，或者选择【文件】|【退出】命令。

6. 打开文档

打开“文档”下的文件“全球流感警戒级别上升.docx”。

操作提要：

① 启动 Word 2010。

② 单击【文件】|【打开】命令，或者单击【快速访问工具栏】中的【打开】按钮，打开【打开】对话框。

③ 在【打开】对话框的左侧，选择文件的位置，例如【库】|【文档】。

④ 在右侧文件列表中选择文件“全球流感警戒级别上升.docx”，单击【打开】按钮。

7. 复制文档

将文档中的第3段中的文本“世卫组织总干事陈冯富珍也重申，宣布流感大流行并不一定意味着疾病的严重程度或致死率有了显著提高。”复制到文档末尾作为新的一个段落。

操作提要：

① 选定文档中的第3段中的文本“世卫组织总干事陈冯富珍也重申，宣布流感大流行并不一定意味着疾病的严重程度或致死率有了显著提高。”

② 单击【开始】|【剪贴板】功能区中的【复制】按钮，或按组合键〈Ctrl〉+〈C〉。

③ 将插入点移动到文档末尾，按回车键，产生一个新的空段落。

④ 单击【开始】|【剪贴板】功能区中的【粘贴】按钮，在弹出的下拉菜单中选择【保留源格式】。也可以直接按组合键〈Ctrl〉+〈V〉。

8. 移动文档

将文档的第4段移动到第3段的前面。

操作提要：

① 选定文档的第4段。

② 单击【开始】|【剪贴板】功能区中的【剪切】按钮，或按组合键〈Ctrl〉+〈X〉。

③ 将插入点移动到第3段之前，单击【开始】|【剪贴板】功能区中的【粘贴】按钮，在弹出的下拉菜单中选择【保留源格式】。也可以直接按组合键〈Ctrl〉+〈V〉。

9. 删除复制内容

删除文档的最后一段。

操作提要：

选定文档中的最后一段“世卫组织总干事陈冯富珍也重申，宣布流感大流行并不一定意味着疾病的严重程度或致死率有了显著提高。”按〈Delete〉键即可。

10. 设置密码

给文档设置【打开文件时的密码】为“123456”。

操作提要：

① 单击【文件】|【另存为】命令，打开【另存为】对话框。

② 在左下角单击【工具】按钮 工具(L) ，选择【常规选项】命令，打开【常规选项】对话框，如图3-4所示。

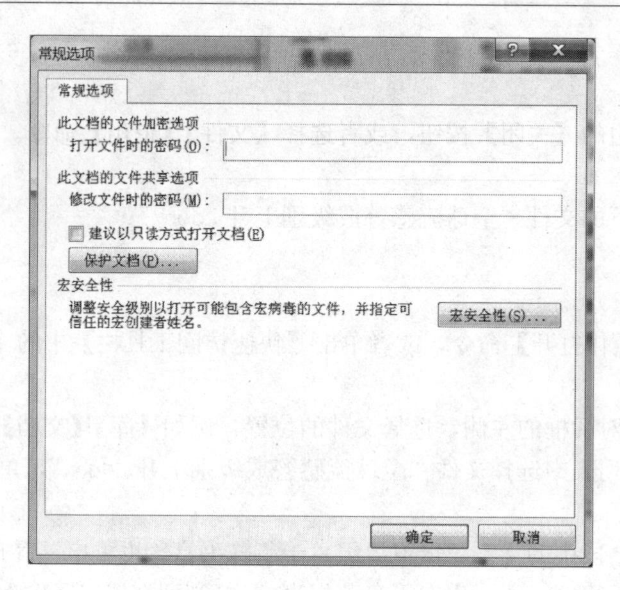

图 3-4 【常规选项】对话框

③ 在【常规选项】对话框中，设置【打开文件时的密码】为“123456”。

④ 单击【确定】按钮后，根据提示重新输入一次密码，如图 3-5 所示，单击【确定】按钮。

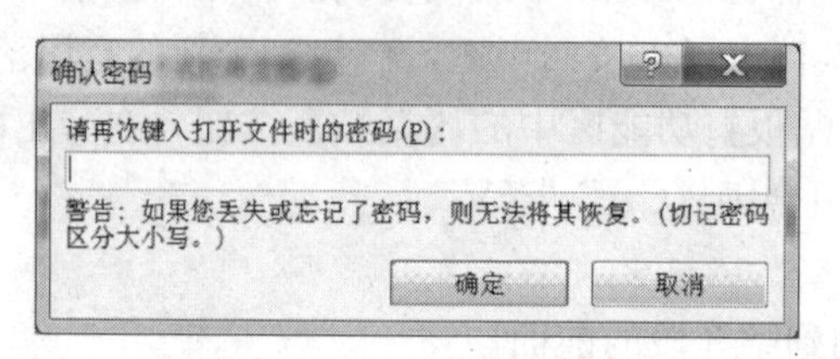

图 3-5 【确认密码】对话框

⑤ 在【另存为】对话框中，设置保存文件的名称，并单击【确定】按钮，对该文档进行保存即可。

四、练习

对已有文档“实验 1 练习 . docx”做如下操作：

1. 打开文档“实验 1 练习 . docx”，将该文档以“高校优秀导游员人才的培养 . docx”为文件名另存到 G 盘。(文中的第一行文字“高校优秀导游员人才的培养”为文章标题。)

2. 输入如下文字作为第 1 段：

旅游购物环境好坏直接影响到游客在旅游目的地的旅游感受、心理评价。

3. 在文章末尾另起一行，插入“add2. docx”文件。

4. 将文档中的第 2 段中的文本“根据导游员工作的特点及其旅游活动过程中所体现的文化内涵，决定导游员人员不仅应具备娴熟的导游员业务技能，而且还要拥有扎实的人文科学基础，具备广博的文化知识和较为厚实的理论涵养。”复制到文档第 2 段后，作为第 3 段。

5. 删除文档的第 4 段。

6. 将第 4 段内容移动到第 3 段前面。

7. 保存退出。

实验 2　Word 2010 的排版

一、实验目的

◆ 掌握中文 Word 2010 的文字格式的设置。
◆ 掌握中文 Word 2010 的段落格式的设置。
◆ 熟悉中文 Word 2010 的页面格式的设置。
◆ 掌握文本查找和替换的方法。

二、预备知识

文档内容的排版是指文字设置、段落设置、页面设置等。

1. 文字格式的设置

（1）在 Word 中字符可以是一个汉字、一个字母、一个数字或一个符号。

（2）文字的格式主要指的是文字的字体、字形和字号。此外，还可以给文字设置颜色、边框、底纹、加下划线或者着重号和改变文字间距等。

（3）字符格式的排版均可以通过【开始】|【字体】功能区或通过在【开始】|【字体】工具栏中，单击右下角的启动器按钮，打开【字体】对话框来完成。

（4）字符格式的排版首先选择要排版的文本对象，然后才能设定；也可设定后再输入新文本。

（5）一般英文的字体名对英文字符起作用，汉字的字体名对英文、汉字都能起作用。

2. 段落的格式化

（1）段落就是以段落标记作为结束的一段文字。每按一次〈Enter〉键就插入一个段落标记，并开始一个新的段落。

（2）段落标志由回车键产生，插入则分段，删除则合并段。

（3）段落的排版主要包括：设置缩进方式、对齐方式、段间距和行间距等。

（4）段落的排版首先选择要排版的段落，然后才能设定。

（5）通过在【开始】|【段落】工具栏中，单击右下角的启动器按钮，打开【段落】对话框进行段落的格式化。

3. 格式的复制和清除

（1）对一部分文字或段落设置的格式可以复制到其他文字上，使其具有同样的格式。设置好的格式如果觉得不满意，也可以清除它。

（2）使用【开始】|【剪贴板】功能区中的【格式刷】按钮格式刷可以实现格式的复制。

（3）使用【开始】|【字体】工具栏中的【清除格式】按钮可以实现格式的清除。

4. 项目符号和编号

在 Word 中，可以在输入时自动给段落创建编号或项目符号，也可以给已输入的各段文本添加编号或项目符号。

5. 分栏排版

（1）控制文档分栏：包括栏数、栏宽、栏间距、分隔线等。

（2）在【页面视图】或【打印预览】方式下才有分栏效果。

（3）分栏操作可对全文或部分文档进行，可重新分栏，也可删除分栏。

（4）使用【页面布局】|【页面设置】工具栏中的【分栏】按钮，或者在【页面布局】|【页面设置】工具栏中的【分栏】按钮的下拉列表中，选择【更多分栏】命令，打开【分栏】对话框，设置分栏。

6. 首字下沉

首字下沉是指一段开头的第一个字被放大数倍。可以设置首字下沉的位置、字体、下沉行数。首字下沉只有在【页面视图】下才有效果。

7. 插入日期和时间

在 Word 文档中，可以直接键入日期和时间，也可以使用【插入】|【文本】工具栏中的【日期和时间】按钮来插入日期和时间。

8. 脚注和尾注

脚注和尾注都是注释，其唯一的区别在于：脚注放在每个页面的底部，而尾注放在文章的结尾。

在【引用】|【脚注】工具栏中，单击右下角的启动器按钮，打开【脚注和尾注】对话框，在对话框中进行脚注和尾注的设置。

9. 页面设置

（1）页眉和页脚是指每一页顶部和底部的文字和图形，通常包含页码、日期、时间、姓名和图形等一些辅助性的信息内容。

页眉和页脚只能在【页面视图】和【打印预览】方式下看到。页眉的建立方法和页脚的建立方法是一样的，都可以用【插入】|【页眉和页脚】工具栏实现。

（2）在【插入】|【页眉和页脚】工具栏中，单击【页码】按钮，打开【页码】命令的下拉菜单，通过对页码的位置和格式的设定，来完成页码的设置。

（3）页面设置主要包括设置纸张大小、页面方向、页边距、页码等内容。

通过【页面布局】|【页面设置】工具栏，可以设置页面的文字方向、页边距、纸张方向以及纸张的大小等。也可以通过在【页面布局】|【页面设置】工具栏中，单击右下角的启动器按钮，打开【页面设置】对话框，进行具体设置。

【页面设置】对话框共有 4 个选项卡，分别设置页边距、纸张、版式和文档网格。

10. 查找和替换

通过【开始】|【编辑】工具栏的【查找】或【替换】按钮，可以实现查找或替换文档中的文本。

（1）查找

使用 Word 的查找功能不仅可以查找文档中的某一指定的文本，而且还可以查找特殊符号（如段落标记、制表符等）。

（2）替换

“查找”除了是一种比“定位”更精确的定位方法外，它还和“替换”密切配合对文档中出现的错词/字进行更正。有时，需要把文档中多次出现的某些字/词替换为另一个字/词，例如将“计算机”替换成“微机”，这时利用“替换”功能会收到很好的效果。“替换”的操作与“查找”操作类似。

三、实验内容

进入 Word 2010，打开文档“全球流感警戒级别上升 .docx”（打开密码为“123456”），完成以下操作，最终效果如图 3-6 所示。

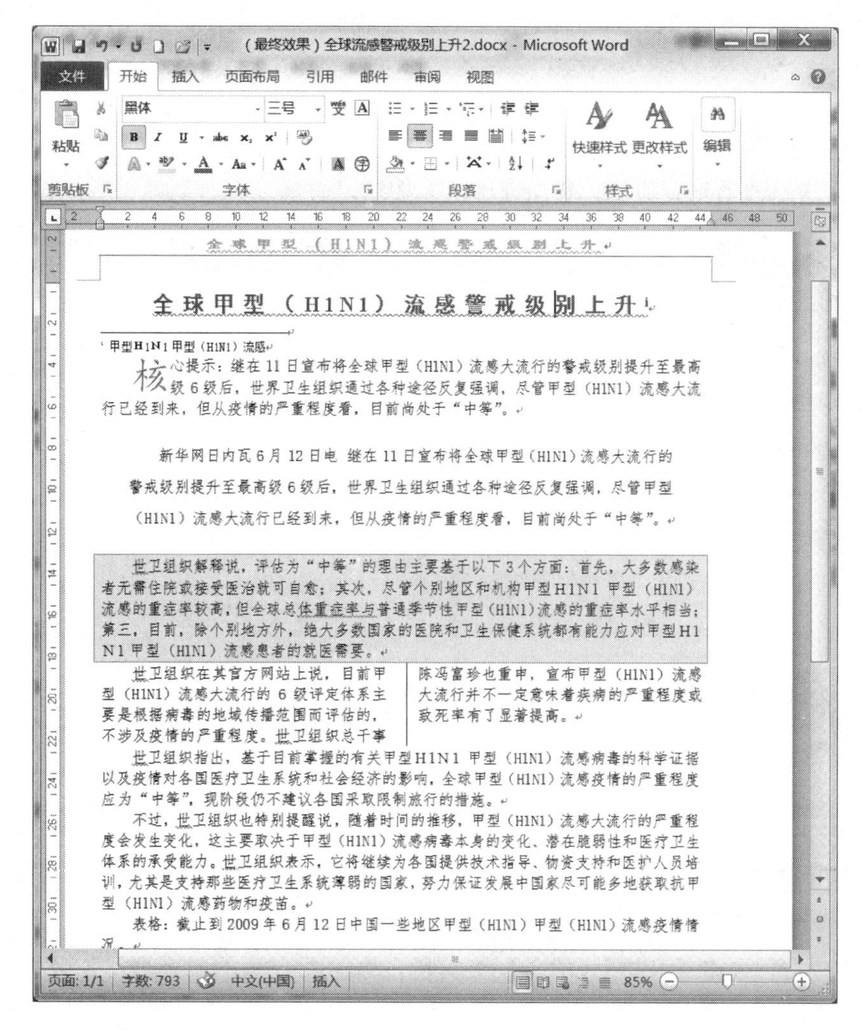

图 3-6　最终显示的效果

1. 字符格式的设置

将标题居中，设置标题字体为：黑体、加粗、三号、紫色且加波浪式下划线，下划线的颜色为红色，字符加宽 3 磅。正文（除文章标题以外的文字）设置为小四号仿宋。

操作提要：

① 选中标题文本“全球甲型（H1N1）流感警戒级别上升”。

② 在【开始】|【段落】工具栏中单击【居中】按钮。

③ 在【开始】|【字体】工具栏中，单击右下角的启动器按钮，打开【字体】对话框，按照图 3-7 进行字体格式设置。

④ 单击【高级】选项卡，在【间距】选框中选择【加宽】，磅值为【3 磅】，单击【确定】按钮。

⑤ 单击文档任意空白处，取消标题的选定。选中正文，单击【开始】|【字体】工具栏中的【字体】下拉列表框，选择【仿宋】，单击【字号】下拉列表框，选择【小四】。

2. 段落格式的设置

设置第 2 段的段前、段后间距均为 1 行，行距改为 1.5 倍行距，左、右缩进 2 字符；将正文各段均设置成特殊格式：首行缩进 2 字符。将第 6、第 7 两段的内容合并为一个段落。

操作提要：

① 选中第 2 段文本。

② 在【开始】|【段落】工具栏中，单击右下角的启动器按钮，打开【段落】对话框，按照如图 3-8 进行段落格式设置，单击【确定】按钮。

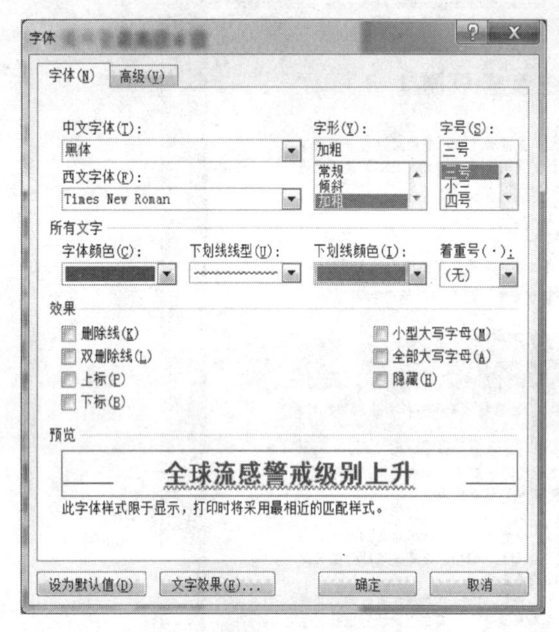

图 3-7　设置后的【字体】选项卡

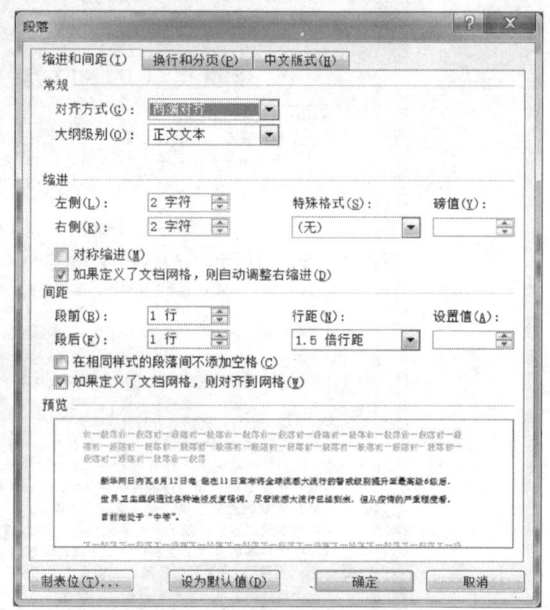

图 3-8　设置后的【段落】对话框

③ 单击文档任意空白处，取消第 2 段的选定。

④ 选中正文，单击【开始】|【段落】工具栏，单击右下角的启动器按钮，再次打开【段落】对话框。

⑤ 设置特殊格式缩进为【首行缩进】，磅值为【2 字符】，单击【确定】按钮。

⑥ 单击文档任意空白处，取消正文的选定。

⑦ 把插入点定位到第 6 段的末尾，按〈Delete〉键；或者把插入点定位到第 7 段的开头，按〈Backspace〉键，删除段落标记，即可实现两段内容的合并。

3. 段落调换位置

将文中第 3 段和第 5 段互换。

操作提要：

① 选中第 3 段文本。

② 单击【开始】|【剪贴板】功能区中的【剪切】按钮，或按组合键〈Ctrl〉+〈X〉。

③ 将插入点移动到第 4 段之前（原第 5 段），单击【开始】|【剪贴板】功能区中的【粘贴】按钮，在弹出的下拉菜单中选择【保留源格式】。也可以直接按组合键〈Ctrl〉+〈V〉。

④ 单击文档任意空白处，取消选定。

⑤ 选中第 5 段文本，单击【开始】|【剪贴板】功能区中的【剪切】按钮，或按组合键〈Ctrl〉+〈X〉。

⑥ 将插入点移动到第 3 段之前，单击【开始】|【剪贴板】功能区中的【粘贴】按钮，在弹出的下拉菜单中选择【保留源格式】。也可以直接按组合键〈Ctrl〉+〈V〉。

4. 边框和底纹的设置

将第 3 段增加绿色边框，宽度为 1 磅，填充底纹颜色为黄色。

操作提要：

① 选中第 3 段。

② 选择【页面布局】|【页面背景】工具栏中的【页面边框】按钮，打开【边框和底纹】对话框，选择【边框】选项卡，如图 3-9 所示。

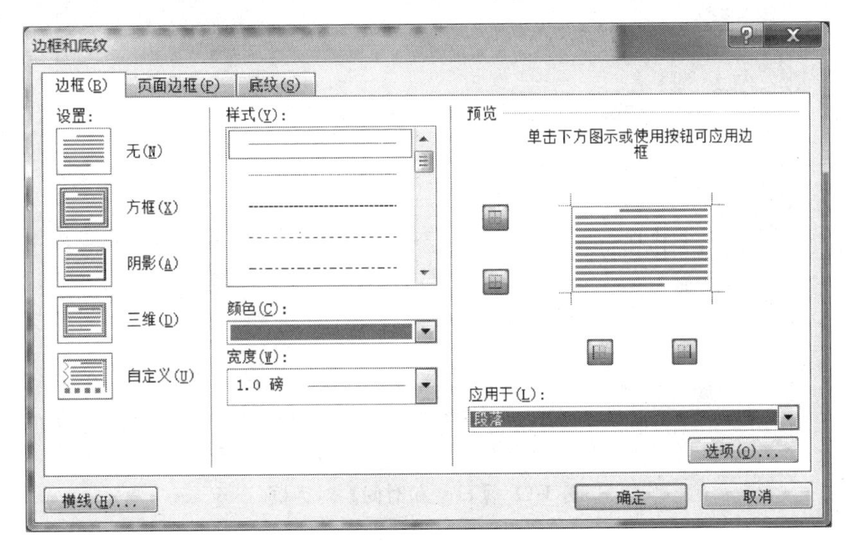

图 3-9　【边框】选项卡

③ 在【设置】中选择【方框】，【颜色】中选择【绿色】，【宽度】中选择【1.0 磅】，【应用于】中选择【段落】。

④ 切换到【底纹】选项卡，在【填充】中选择【黄色】，【应用于】中选择【段落】。

⑤ 单击【确定】按钮。

5. 设置首字下沉

将第 1 段首字下沉 2 行，首字字体为楷体，颜色为红色。

操作提要：

① 将光标定位到第 1 段。

② 在【插入】|【文本】工具栏中，单击【首字下沉】按钮，在打开的下拉菜单中选择【首字下沉选项】命令，打开【首字下沉】对话框，按照如图 3-10 进行首字下沉设置，单击【确定】按钮。

③ 选择第 1 段的第 1 个字，在【开始】|【字体】栏

图 3-10　【首字下沉】对话框

中，选择【字体颜色】A -为【红色】。

6. 插入日期和时间

在文章末尾输入日期和时间，格式为“yyyy-mm-dd”，日期自动更新，右对齐。

操作提要：

① 将光标定位到文章最后，按回车键，另起一行。

② 在【插入】|【文本】工具栏中，单击【日期和时间】按钮，打开如图 3-11 所示的【日期和时间】对话框。

③ 在【可用格式】中选择合适的格式，勾选【自动更新】前的复选框，设置后的结果如图 3-11 所示，单击【确定】按钮。

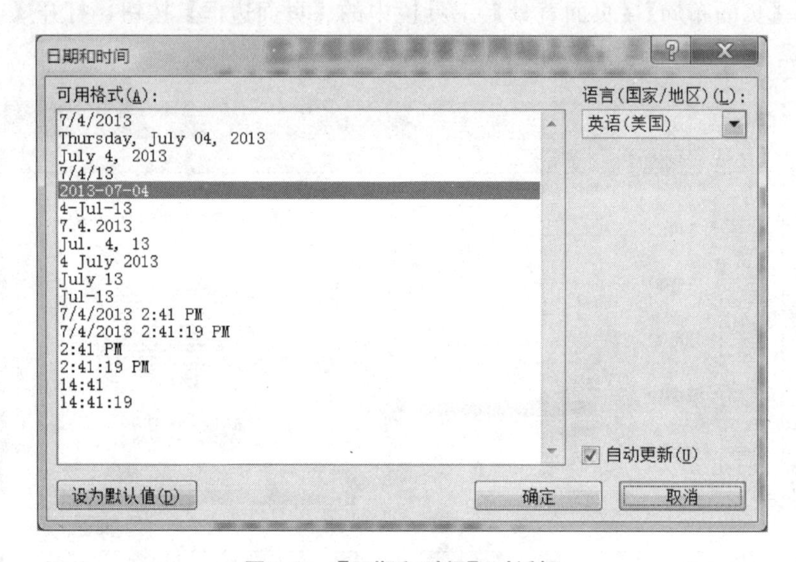

图 3-11 【日期和时间】对话框

④ 在【开始】|【段落】栏中，选择【右对齐】按钮。

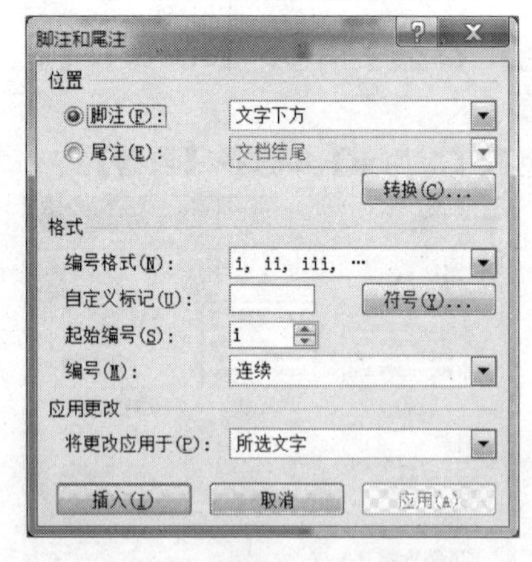

图 3-12 【脚注和尾注】对话框

7. 插入脚注

给文章的标题插入脚注“甲型 H1N1 流感”，位于文字下方，格式为“i，ii，iii…”，字体为宋体，小五号。

操作提要：

① 选中标题文本。

② 在【引用】|【脚注】工具栏中，单击右下角的启动器按钮，打开【脚注和尾注】对话框，按照图 3-12 所示进行脚注的设置。

③ 单击【插入】按钮，插入点会自动进入文字下方，输入文字“甲型 H1N1 流感”。

④ 选中“甲型 H1N1 流感”，在【开始】|【字体】栏中，设置字体为【宋体】，字号为【小五】。

8. 分栏设置

将第四段分为两栏，栏宽相同，间隔为 1.5 个字符，加分隔线。

操作提要：

① 选中第 4 段。

② 单击【页面布局】|【页面设置】工具栏中的【分栏】按钮，打开【分栏】下拉列表，在下拉列表中选择【更多分栏】命令，打开【分栏】对话框，按照图 3-13 进行分栏设置。

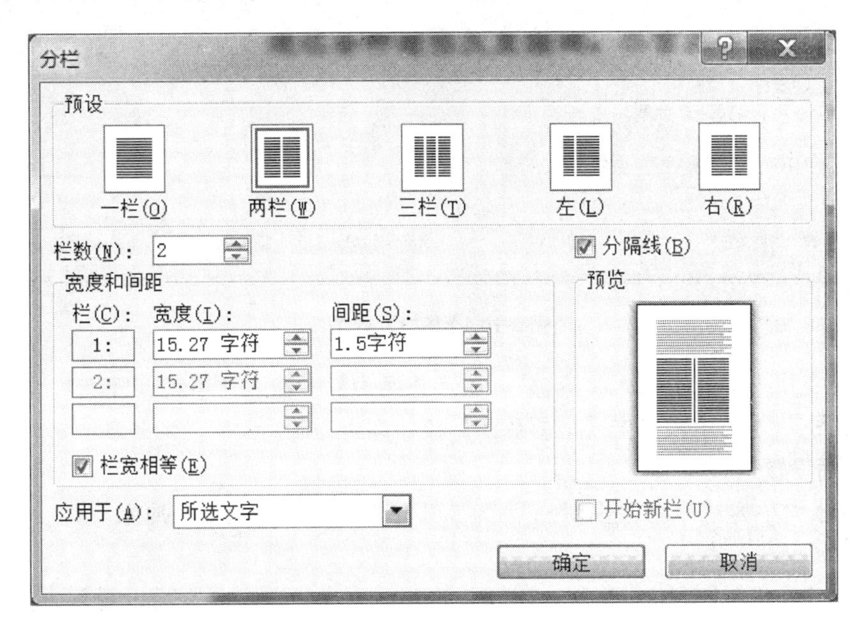

图 3-13 【分栏】对话框

③ 单击【确定】按钮，即可完成分栏。

9. 页眉和页脚的设置

插入页眉“全球流感警戒级别上升”，文字为蓝色、隶书、小四号、加粗；在页脚区插入页码，文字为楷体、小四号、加粗、右对齐。

操作提要：

① 双击页眉空白区域，进入页眉编辑状态，在页眉区内输入“全球流感警戒级别上升”。

② 选中页眉中的文字“全球流感警戒级别上升”，在【开始】|【字体】栏中设置字体为【隶书】，字号为【小四】，字体颜色为【蓝色】，单击【加粗】按钮**B**。

③ 单击【设计】|【导航】工具栏上【转至页脚】按钮，转到页脚区。单击【页眉和页脚】栏中的【页码】按钮，打开下拉菜单。在下拉菜单中，选择【页面底端】|【普通数字 1】，插入页码。

④ 选择插入的页码，在【开始】|【字体】栏中设置字体为【楷体】，字号为【小四】，单击【加粗】按钮**B**。在【开始】|【段落】栏中单击【右对齐】按钮≣。

⑤ 双击页面中的正文区域，结束设置。

如果仅仅为了能得到页码，只要单击【插入】|【页眉和页脚】栏中的【页码】按钮，再按上述方法进行设置即可。

10. 替换

将文中“流感”一词统一替换为“甲型（H1N1）流感”。

操作提要：

① 在【开始】|【编辑】工具栏中，单击【替换】按钮或按〈Ctrl〉+〈H〉组合键，打开【查找和替换】对话框中的【替换】选项卡，如图 3-14 所示。

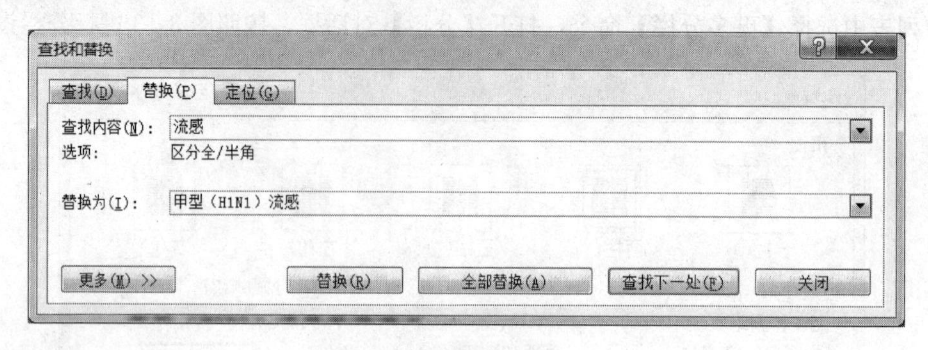

图 3-14 【替换】选项卡

② 在【查找内容】中输入“流感”，在【替换为】中输入“甲型（H1N1）流感”。设置后的结果如图 3-14 所示，单击【全部替换】按钮即可。

11. 页面设置

设置纸张大小为 A4，页边距上、下为 2.8 厘米，左、右为 2.2 厘米。

操作提要：

① 单击【文件】|【打印】命令，在打开的对话框中，单击【页面设置】，打开【页面设置】对话框。

② 在【页边距】选项卡中，设置页边距上、下为“2.8 厘米”，左、右为“2.2 厘米”。

③ 在【纸张】选项卡中，选择【纸张大小】为“A4”。

④ 选择【应用于】为“整篇文档”。单击【确定】按钮。

四、练习

打开文档“高校优秀导游员人才的培养 . docx”。

1. 设置标题字体为：隶书、蓝色、加粗、小一号，居中对齐，字符缩放 120%，文本底纹为灰色 25%。

2. 将正文文本设置为小四号楷体，首行缩进 0.8 厘米。

3. 设置第 2 段的段前、段后间距均为 0.5 行，行距为固定值 18 磅，左、右缩进 0.85 厘米。

4. 将文中第 3 段和第 4 段互换。

5. 将第 1 段首字下沉，下沉 2 行，距正文 0.4 厘米。

6. 将最后两段的内容合并为一个段落，并将该段分为等宽的 2 栏。

7. 设置页眉为“高校优秀导游员人才的培养”，文字为红色、仿宋、小四号、加粗；在页脚区插入页码，文字为宋体、小五号、居中。

8. 将正文所有的“旅游”全部改为小一号、倾斜、蓝色并加上着重号。

9. 设置纸张大小为 16 开，页边距上、下为 3.0 厘米，左、右为 2.1 厘米，装订线置于左侧，边距 0.5 厘米，方向为横向。

10. 保存退出。

实验 3　Word 2010 表格的制作

一、实验目的

◆ 掌握创建表格和编辑表格的方法。
◆ 掌握表格内容的输入与格式化的方法。
◆ 学习对表格中的数据进行排序和计算。
◆ 掌握表格与文本转换的方法。

二、预备知识

文档内容的排版是指文字设置、段落设置、页面设置等。

1. 表格与单元格

一个表格通常是由若干个单元格组成的，可以在单元格中填写文字和插入图片。在中文文字处理中，常采用表格的形式将一些数据分门别类、有条有理、集中直观地表现出来，还可以用表格创建引人入胜的页面版式以及排列文本和图形。

2. 表格的建立

方法 1： 在【插入】|【表格】工具栏中，单击【表格】按钮，出现如图 3-15 所示的表格模式，创建表格。

方法 2： 在【插入】|【表格】工具栏中，单击【表格】按钮，出现如图 3-15 所示的表格模式，选择【插入表格】命令，打开【插入表格】对话框，如图 3-16 所示，创建表格。

图 3-15　【表格】界面

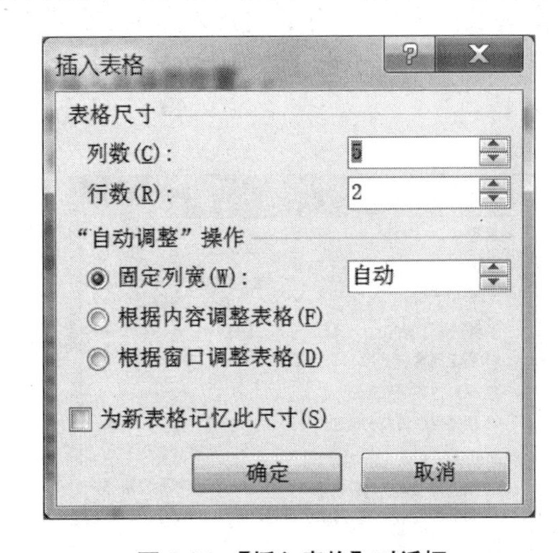

图 3-16　【插入表格】对话框

方法 3： 在【插入】|【表格】工具栏中，单击【表格】按钮，出现如图 3-15 所示的表格模式，选择【绘制表格】命令，这时的鼠标指针变成一支笔的形状，手工绘制表格。

3. 表格的编辑

（1）表格的选定：任何操作之前，必须先选定。

（2）调整行高列宽。

（3）插入单元格。

（4）移动或复制表格中的内容。

可以使用鼠标、命令或快捷键的方法，将单元格中的内容进行移动或复制，就像对待一般的文本一样。

（5）删除表格、行、列和单元格。

（6）单元格的合并与拆分。

① 合并单元格：把表格的某一行或某一列中的若干个单元格合并成一个大的单元格。

② 拆分单元格：把一个单元格拆分成多个单元格。

4. 格式化表格

（1）对齐单元格内容。

（2）表格的边框和底纹的设置。

在【页面布局】|【页面背景】工具栏中，单击【页面边框】按钮，即可打开【边框和底纹】对话框，在【边框】选项卡中进行设置（应用于选择的表格）。

（3）表格的排序与计算。

① 排序：就是对表格的各行按照一个或多个关键字速增或速减的顺序重新进行排列。

② 表格的计算：将插入光标移到要计算结果的单元格内。在【布局】|【数据】工具栏中，单击【公式】按钮，打开【公式】对话框，在对话框中进行设置。

（4）表格和文本之间的转换。

① 将文本转换为表格：选中要转换为表格的文本，在【插入】|【表格】工具栏中，单击【表格】按钮。在打开的下拉菜单中，选择【文本转换成表格】选项，打开如图 3-17 所示的对话框，在对话框中进行设置。

② 将表格转换为文字：将插入点定位到要转换的表格中或者选定整张表格，在【布局】|【数据】工具栏中，单击【转换为文本】按钮，打开如图 3-18 所示的对话框，在对话框中进行设置。

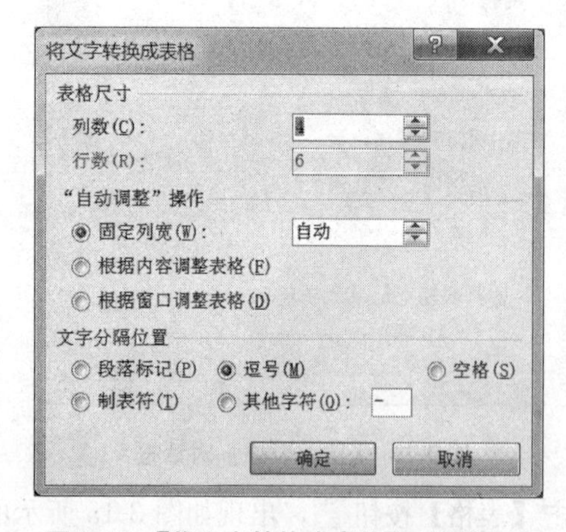

图 3-17 【将文字转换成表格】对话框

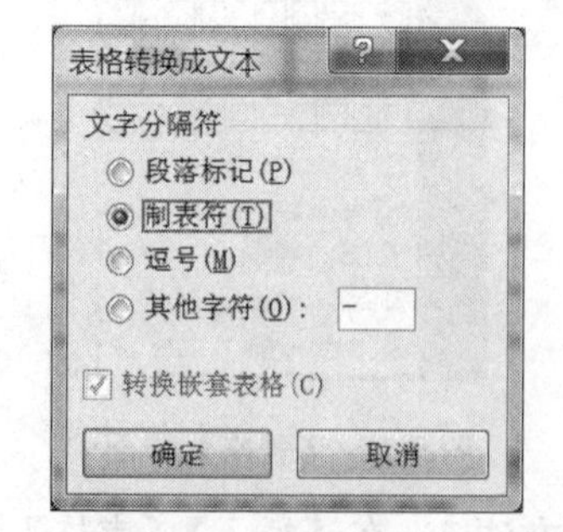

图 3-18 【表格转换文本】对话框

三、实验内容

1. 创建表格

创建一个课程表，如表 3-2 所示。

表 3-2　课程表

<table>
<tr><td colspan="2">星期
时间</td><td>一</td><td>二</td><td>三</td><td>四</td><td>五</td></tr>
<tr><td rowspan="5">上午</td><td>第一节</td><td></td><td></td><td></td><td></td><td></td></tr>
<tr><td>第二节</td><td></td><td></td><td></td><td></td><td></td></tr>
<tr><td>第三节</td><td></td><td></td><td></td><td></td><td></td></tr>
<tr><td>第四节</td><td></td><td></td><td></td><td></td><td></td></tr>
<tr><td>第五节</td><td></td><td></td><td></td><td></td><td></td></tr>
<tr><td colspan="7">午休</td></tr>
<tr><td rowspan="4">下午</td><td>第六节</td><td></td><td></td><td></td><td></td><td></td></tr>
<tr><td>第七节</td><td></td><td></td><td></td><td></td><td></td></tr>
<tr><td>第八节</td><td></td><td></td><td></td><td></td><td></td></tr>
<tr><td>第九节</td><td></td><td></td><td></td><td></td><td></td></tr>
</table>

操作提要：

① 将光标移至需插入表格的位置。

② 在【插入】|【表格】工具栏中，单击【表格】按钮，出现如图 3-15 所示的表格模式，选择【插入表格】命令，打开【插入表格】对话框，如图 3-16 所示。

③ 在【行数】和【列数】框中分别键入 11 行、7 列。

④ 对照目标表格合并相应的单元格，并输入相应的汉字。

⑤ 制作斜线表头：让“时间”和“星期”分两行输入，并分别选用【左对齐】和【右对齐】。单击【设计】|【绘图边框】栏中的【绘制表格】按钮，绘制斜线。再次单击【绘制表格】按钮，取消绘制。

2. 对齐单元格内容

表中除了斜线表头外的所有单元格的文字均设置为垂直居中和水平居中。

操作提要：

① 选定第一行（除了斜线表头）的单元格。

② 在选定的单元格上单击右键，在弹出的快捷菜单中，指向【单元格对齐方式】命令，选中【水平居中】命令即可。

③ 选定除第一行以外的所有单元格，重复②即可。

3. 设置边框和底纹

将表格的外框线设置为 1.5 磅的红色粗线，内框线设置为 0.75 磅的绿色细线，并对第 1 行添加黄色的底纹。

操作提要：

① 选定整个表格。

② 单击【设计】选项卡，如图 3-19 所示。

图 3-19　【设计】选项卡

③ 在【笔划粗细】下拉列表框中选择【1.5 磅】，【笔颜色】列表框中选择【红色】，单击【边框】右侧的下拉按钮，打开【边框】下拉列表，单击外侧框线(S)命令。

④ 在【笔划粗细】下拉列表框中选择【0.75 磅】，【笔颜色】列表框中选择【绿色】，单击【边框】右侧的下拉按钮，打开【边框】下拉列表，单击内部框线(I)命令。

⑤ 取消选定整个表格，选定表格第一行。单击【设计】选项卡，如图 3-19 所示。

⑥ 单击【底纹】的下拉按钮，打开底纹颜色列表，选择【黄色】。

4. 数据的格式化

设置“午休”间距加宽 10 磅，文字格式为楷体、小四号、加粗。

操作提要：

① 选中“午休”。

② 在【开始】|【字体】工具栏中，单击右下角的启动器按钮，打开【字体】对话框。

③ 在【高级】选项卡中设置间距为【加宽】，磅值为【10 磅】。

④ 在【字体】选项卡中设置中文字体为【楷体】，字号为【小四号】，字形为【加粗】。

⑤ 单击【确定】按钮。

上述操作后的屏幕结果如图 3-20 所示。将文档保存。

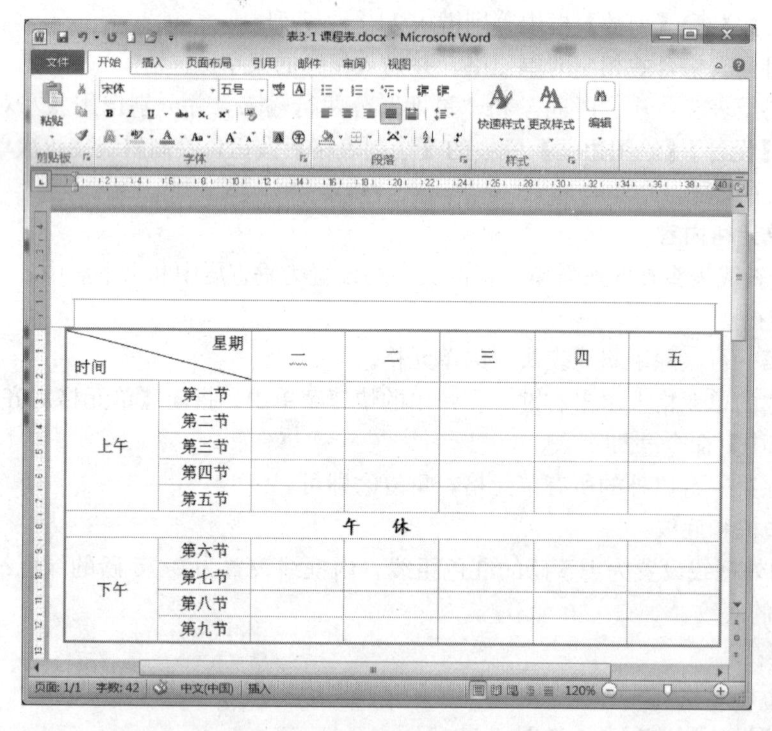

图 3-20 设置后的显示效果

5. 表格与文本的转换

打开文档“学生成绩表.docx”，将其中的文本转换为表格。

操作提要：

① 选中待转换为表格的文本。

② 在【插入】|【表格】工具栏中，单击【表格】按钮。在打开的下拉菜单中选择【文本转换成表格】选项，打开如图 3-21 所示的对话框。

③ 在对话框中，将【列数】设置为“5”，【行数】设置为“7”。

④ 在【文字分隔位置】选项组中，选中【制表符】单选按钮。

⑤ 单击【确定】按钮，实现了文本到表格的转换。

6. 插入表格的行或列

为表格插入行或列，并适当地合并单元格，建立如表 3-3 所示的表格。

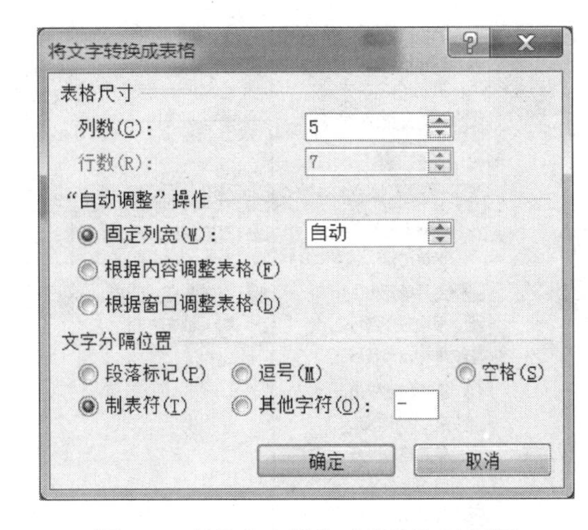

图 3-21　【将文字转换成表格】对话框

表 3-3　学生成绩表

学号	系名	姓名	平时成绩	段考成绩	期末成绩	总评
07301	计算机系	张政	90	87	85	
07603	艺术系	郑红	55	79	82	
07307	计算机系	蔡洪波	63	73	58	
07504	电机系	梁爱玲	70	56	65	
07505	电机系	周杰	63	67	43	
07606	艺术系	林琳	80	88	75	
平均分						

操作提要：

① 选定第一列。

② 在选定列上单击右键，弹出快捷菜单，如图 3-22 所示。在快捷菜单中指向【插入】，在弹出的级联菜单中选择【在左侧插入列】命令。

③ 选定最后一列，重复②（在弹出的级联菜单中选择【在右侧插入列】命令）。

④ 选定最后一行，重复②（在弹出的级联菜单中选择【在下方插入行】命令）。

⑤对照目标表格合并相应的单元格，输入相应的文字。

7. 表格的计算

计算表中每位学生的总评（总评＝平时成绩×40%＋段考成绩×30%＋期末成绩×30%）和平均分。

操作提要：

① 将插入光标移到要计算结果的单元格内。例如，将光标移到第 2 行第 7 列的单元格中。

② 在【布局】|【数据】工具栏中，单击【公式】按钮，打开【公式】对话框，如图 3-23 所示。

③ 在【公式】文本框中，将公式改为“＝D2 * 40%＋E2 * 30%＋F2 * 30%”。其余“总评”方法相同。

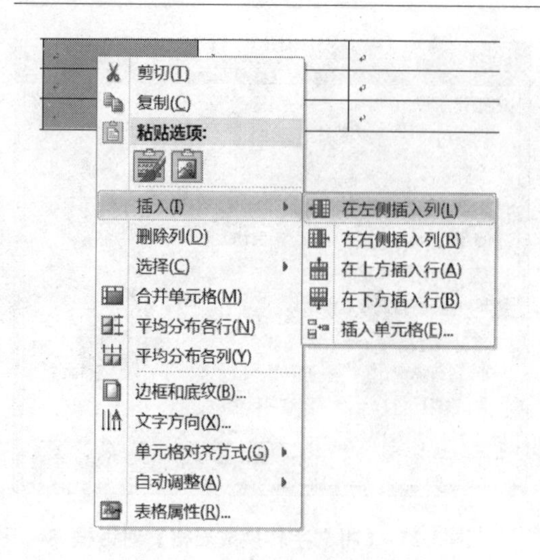

图 3-22　选定后右键快捷菜单

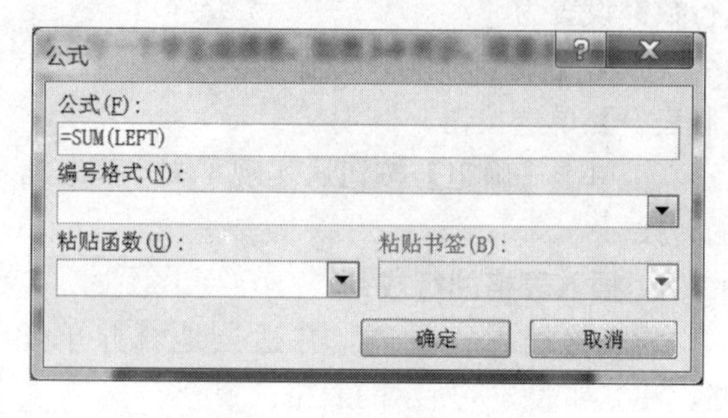

图 3-23　【公式】对话框

④ 将光标移到第 8 行第 4 列的单元格中，重复②。

⑤ 在【公式】文本框中，将公式改为“＝AVERAGE（D2：D7）”。其余“平均分”方法相同。

8. 表格的排序

对总评进行从高到低排序。

操作提要：

① 选中“总评”下面的一列（不包括最后一行）。

② 在【开始】|【段落】工具栏中，单击【排序】按钮，打开【排序】对话框，如图 3-24 所示。

③ 在【列表】选项组中，选中【有标题行】单选按钮。

④ 在【主要关键字】下拉列表框中选择【总评】选项，在其右边的【类型】下拉列表框中选择【数字】选项，再选中【降序】单选按钮。设置如图 3-24 所示。

⑤ 单击【确定】按钮完成排序。

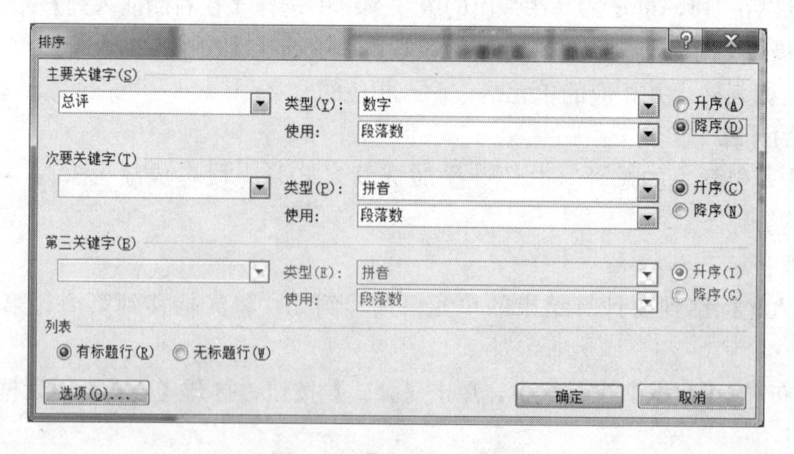

图 3-24　【排序】对话框

四、练习

1. 制作如图 3-25 所示的“个人简历表”。要求掌握插入表格、合并和拆分单元格以及设置单元格的格式等知识。

个人简历

<table>
<tr><td colspan="5">基本情况</td></tr>
<tr><td>姓名</td><td></td><td>性别</td><td></td><td rowspan="5">（照片）</td></tr>
<tr><td>出生年月</td><td></td><td>身高</td><td></td></tr>
<tr><td>身体状况</td><td></td><td>民族</td><td></td></tr>
<tr><td>政治面貌</td><td></td><td>籍贯</td><td></td></tr>
<tr><td>移动电话</td><td></td><td>固定电话</td><td></td></tr>
<tr><td>E-mail</td><td></td><td>地址</td><td colspan="2"></td></tr>
<tr><td>邮编</td><td></td><td>学校</td><td colspan="2"></td></tr>
<tr><td colspan="5">个人技能及特长</td></tr>
<tr><td colspan="5"></td></tr>
<tr><td colspan="5">获奖情况</td></tr>
<tr><td colspan="5"></td></tr>
<tr><td colspan="5">兴趣爱好</td></tr>
<tr><td colspan="5"></td></tr>
<tr><td colspan="5">教育经历（时间段，学校，专业）</td></tr>
<tr><td colspan="5"></td></tr>
</table>

图 3-25 个人简历表

(1) 表格标题文本设置为黑体、五号、加粗、居中，间距加宽 15 磅。

(2) 所有单元格文本设置为宋体、五号。

(3) 将表格的外框线设置为 1.5 磅的双线，内框线设置为 0.75 磅的单线，并按照图 3-9 所示给单元格添加 20%的底纹。

(4) 根据你个人的实际情况，填充完表格，以文件名“个人简历.docx”保存。

2. 建立如表 3-4 所示“员工工资表”，利用求和函数 SUM () 和平均值函数 AVERAGE () 分别计算每位员工的实发工资和每项工资的平均值。并按实发工资从高到低排序，保存为“员工工资表.docx”。

表 3-4　员工工资表

姓名	部门名称	基本工资	浮动工资	生活补贴	实发工资
杨　明	劳资科	2000	1200	600	
刘　珍	财务科	2100	1300	700	
孙　静	计算中心	2340	1500	900	
陈　东	财务科	2200	1400	800	
李　骥	计算中心	2150	1600	1000	
平均值					

实验 4　Word 2010 的图文混排

一、实验目的

◆ 掌握在文档中插入图形的方法。

◆ 掌握图片图形对象的基本编辑方法。

◆ 掌握图文混排的方法。

二、预备知识

在 Word 中，可以使用两种基本类型的图形：图形对象和图片。图形对象包括自选图形、图表、曲线、线条和艺术字图形对象。这些对象都是 Word 文档的一部分。图片是由其他文件创建的图形，包括位图、扫描的图片、照片以及剪贴画。可使用的图形文件类型包括：Windows 位图 (.bmp)、Windows 图元文件 (.wmf)、图形、增强型图元文件 (.emf)、JPEG 文件 (.jpg)、GIF 动画 (.gif) 以及便携式网络图形 (.png) 等。

1. 图片和图形对象的插入

(1) 在 Word 2010 中，可以利用【插入】|【插图】工具栏，实现将计算机中已有的图片、剪贴画、图形、SmartArt 图形和图表等图形图片的插入。如图 3-26 所示。

图 3-26 【插图】工具栏

（2）在 Word 2010 中，可以利用【插入】|【文本】工具栏，实现文本框、艺术字的插入。如图 3-27 所示。

（3）在 Word 2010 中，可以利用【插入】|【符号】工具栏，实现公式的插入。如图 3-28 所示。

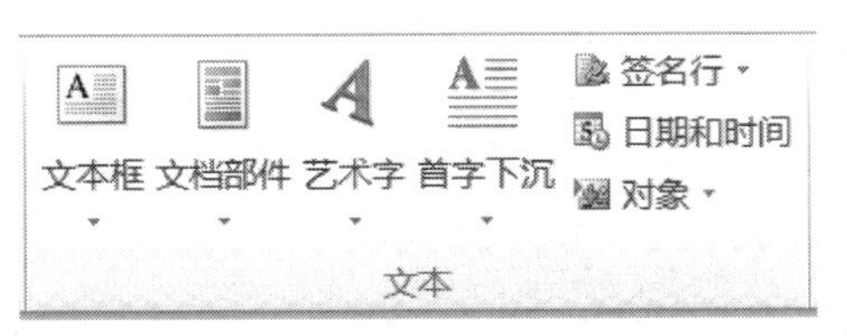

图 3-27 【文本】工具栏

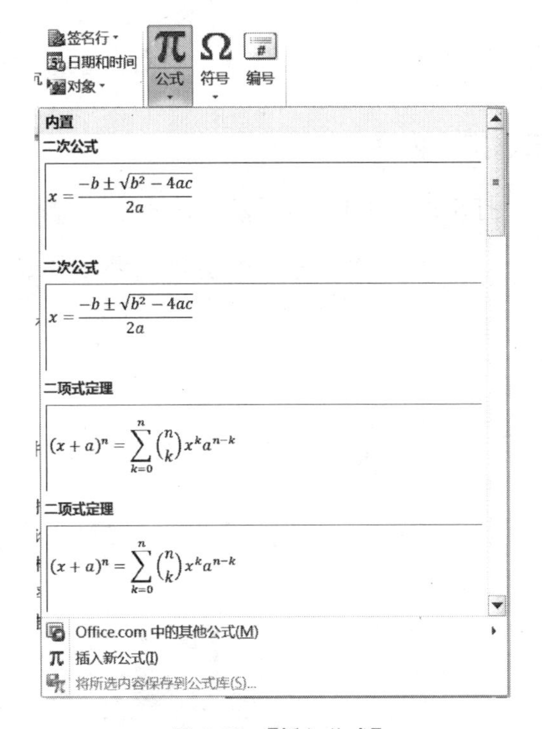

图 3-28 【插入公式】

提示，兼容旧版本模式（比如 Word 2003，Word 2007）的文档是无法使用公式编辑器功能的。

2. 图片的编辑

选中图片，出现【图片工具/格式】选项卡。利用该选项卡完成诸如缩放、裁剪、对比度设定、亮度设定、文字环绕、透明度设定等操作。如图 3-29 所示。

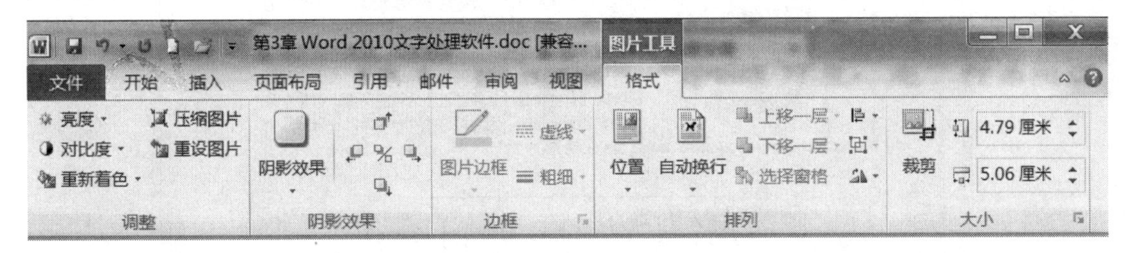

图 3-29 【图片工具/格式】功能区

3. 绘制图形

Word 提供了一套绘制图形的工具，利用它可以创建各类矢量图形。利用 Word 提供的【绘图工具】，用户可以绘制需要的图形。【绘图工具】的功能非常强大，不仅提供了常用的直线、箭头、文本框以及各种形状的自选图形、线条颜色、图形的填充色，还可以用阴影和三维效果装饰图形、设置对象的对齐方式，甚至还可以旋转、翻转图形，以及将几个图形对象组合在一起。【绘图工具/格式】功能区如图 3-30 所示。

图 3-30 【绘图工具/格式】功能区

三、实验内容

打开文档“月季 . docx”，并进行下列操作，屏幕结果如图 3-31 所示。

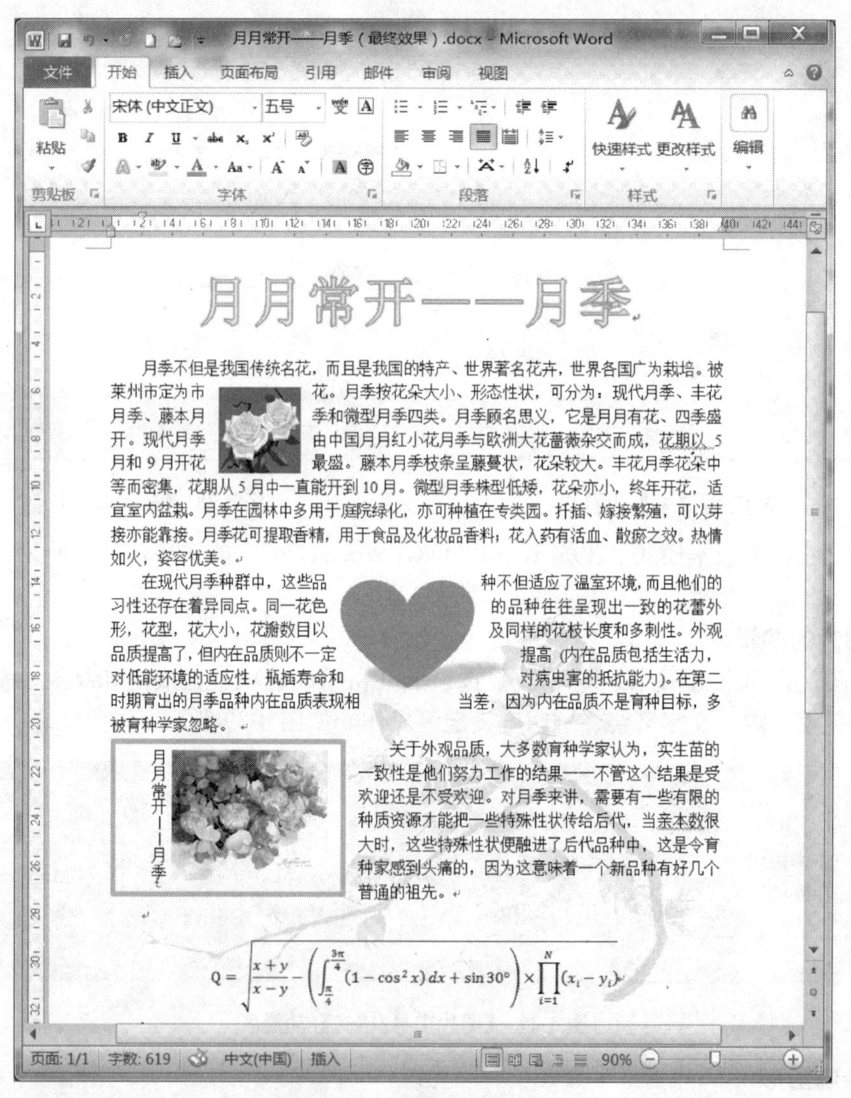

图 3-31 设置后显示的效果

1. 插入图片和剪贴画

在第 1 段正文中插入“植物”类中的第 1 张剪贴画。在正文的最后一段插入图片“月季 . jpg”。

操作提要：

① 将插入点置于第 1 段中。

② 在【插入】|【插图】选项卡中，单击【剪贴画】按钮，在窗口右侧打开【剪贴画】任务窗格，如图 3-32 所示。

③ 在【剪贴画】任务窗格的【搜索文字】文本框中，键入“植物”，单击【搜索】按钮，则列表框中显示出符合条件的图片，如图 3-32 所示。

④ 将鼠标置于第 1 张剪贴画上，单击剪贴画，剪贴画就插入到第 1 段中。

⑤ 将插入点置于最后一段中。

⑥ 在【插入】|【插图】选项卡中，单击【图片】按钮，打开【插入图片】对话框。

⑦ 选择图片“月季.jpg”所在的文件夹，定位到图片“月季.jpg”。双击图片即可将其插入到最后一段中。

图 3-32 【剪贴画】任务窗格

2. 设置图片格式和使用文本框

（1）改变剪贴画尺寸，将剪贴画的高和宽均设置为 2 厘米，设置版式为“紧密型”。设置图片“月季.jpg”的尺寸为原来的 30%。

操作提要：

① 选定剪贴画。

② 单击【图片工具/格式】|【大小】工具栏右下角的启动器按钮，打开【布局】对话框，切换至【大小】选项卡（如图 3-33所示）。

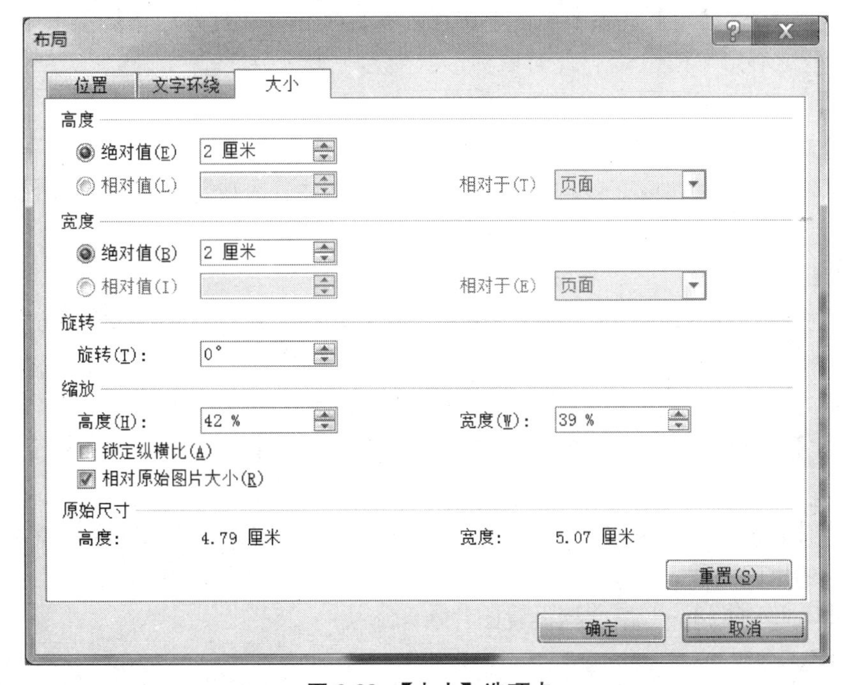

图 3-33 【大小】选项卡

③ 取消选中【锁定纵横比】复选框。按照图 3-33 进行设置。

④ 切换至【文字环绕】选项卡，选中【紧密型】，单击【确定】按钮。

⑤ 选定图片“月季 .jpg”，重复②，在对话框的【缩放】组中设置高度和宽度均为30%，单击【确定】按钮。

(2) 建立一个竖排文本框，将图片移至文本框内，然后将文本框的版式设置为“四周型”，并左对齐，放置在最后一段中。

操作提要：

① 在【插入】|【文本】工具栏中，单击【文本框】按钮，在弹出的下拉菜单中，选择【绘制竖排文本框】命令，此时鼠标形状变为“十”字形，拖动鼠标指针绘制出一个文本框。

② 选定图片，利用【剪切】和【粘贴】命令，将图片移动到文本框内。

③ 选中文本框，拖动边框将文本框移动到最后一段中，单击【绘图工具/格式】|【排列】栏中的【自动换行】按钮，在打开的下拉菜单中，选中【四周型环绕】命令，单击【对齐】按钮，在打开的下拉菜单中，选中【左对齐】命令。

(3) 将文本框的边框设置为浅绿色、3 磅，并添加文字“月月常开——月季”。

操作提要：

① 选中文本框，在【绘图工具/格式】|【形状样式】栏中选择【形状轮廓】按钮，在打开的下拉菜单中选择【浅绿】色。

② 再单击【形状轮廓】按钮，在打开的下拉菜单中选择【粗细】|【3 磅】。

③ 插入点定位到文本框内，输入文字“月月常开——月季”。

3. 插入图形

在第 2 段正文中插入图形“心形”。

操作提要：

① 在【插入】|【插图】选项卡中，单击【形状】按钮，在打开的下拉菜单中，选择【基本形状】中的“心形”按钮♡，此时鼠标形状变为“十”字形。

② 拖动鼠标指针在第 2 段正文中绘制出一个“心形”。

4. 设置对象格式

为该图形设置轮廓和填充色均为红色，加“右上对角透视”的阴影，设置版式为“穿越型”。

操作提要：

① 选中图形，在【绘图工具/格式】|【形状样式】栏中选择【形状轮廓】按钮，在打开的下拉菜单中选择【红色】。

② 选择【形状填充】按钮，在打开的下拉菜单中也选择【红色】。

③ 选择【形状效果】按钮，在打开的下拉菜单中选择【阴影】|【透视】|【右上对角透视】按钮。

④ 选择【自动换行】按钮，在打开的下拉菜单中，选中【穿越型环绕】命令。

5. 图片的水印制作

使用图片“水印 .jpg”给文档设置图片水印。

操作提要：

① 在【页面布局】|【页面背景】工具栏中，单击【水印】按钮，打开【水印】下拉菜单。

② 在【水印】下拉菜单中，选中【自定义水印】命令，打开【水印】对话框，如

图 3-34 所示。

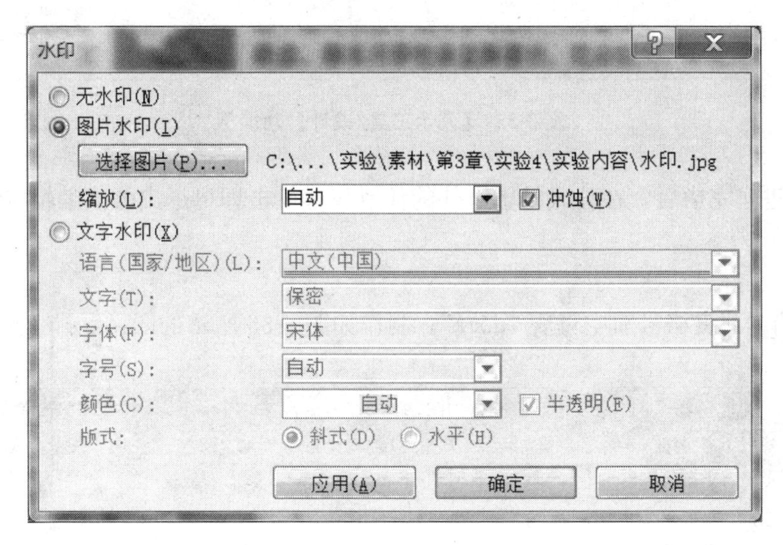

图 3-34　【水印】对话框

③ 在对话框中，选中【图片水印】单选按钮，【选择图片】按钮被激活，单击【选择图片】按钮，找到图片“水印 .jpg”所在位置，选中【冲蚀】效果，最后单击【确定】按钮。

6. 插入艺术字

更改标题为艺术字，样式为第 2 行第 2 列。艺术字的版式为“上下型”，字体填充颜色设置为黄色，轮廓颜色设置为红色。左右居中。

操作提要：

① 选中标题文字。

② 在【插入】|【文本】工具栏中，单击【艺术字】按钮，弹出【艺术字库】下拉列表，选择第 2 行第 2 列的艺术字样式。

③单击【绘图工具/格式】|【排列】|【自动换行】按钮，在打开的下拉菜单中，选中【上下型环绕】命令。

④ 单击【绘图工具/格式】|【艺术字样式】|【文本填充】按钮，在打开的下拉菜单中，选择【黄色】。单击【艺术字样式】|【文本轮廓】按钮，在打开的下拉菜单中，选择【红色】。

⑤ 单击【排列】|【对齐】按钮，在打开的下拉菜单中，选中【左右居中】命令。

7. 使用公式编辑器

在文本末尾添加如下公式。

$$Q=\sqrt{\frac{x+y}{x-y}\left(\int_{\frac{\pi}{4}}^{\frac{3\pi}{4}}(1-\cos^2 x)\mathrm{d}x+\sin 30^\circ\right)\times\prod_{i=1}^{N}(x_i-y_i)}$$

操作提要：

① 将鼠标定位到文本的末尾。

② 在【插入】|【符号】工具栏中，单击【公式】按钮π（非下拉三角按钮▼），在文档中将创建一个空白公式框架，通过键盘和【公式工具｜设计】功能区输入公式内容，如图 3-35 所示。

图 3-35 【公示工具/设计】功能区

③ 公式建立完毕后，在公式编辑区外的任意位置单击即可退出公式编辑状态。

四、练习

打开文档“瓦良格号航空母舰 . docx”，制作如图 3-36 所示的图文混排效果。

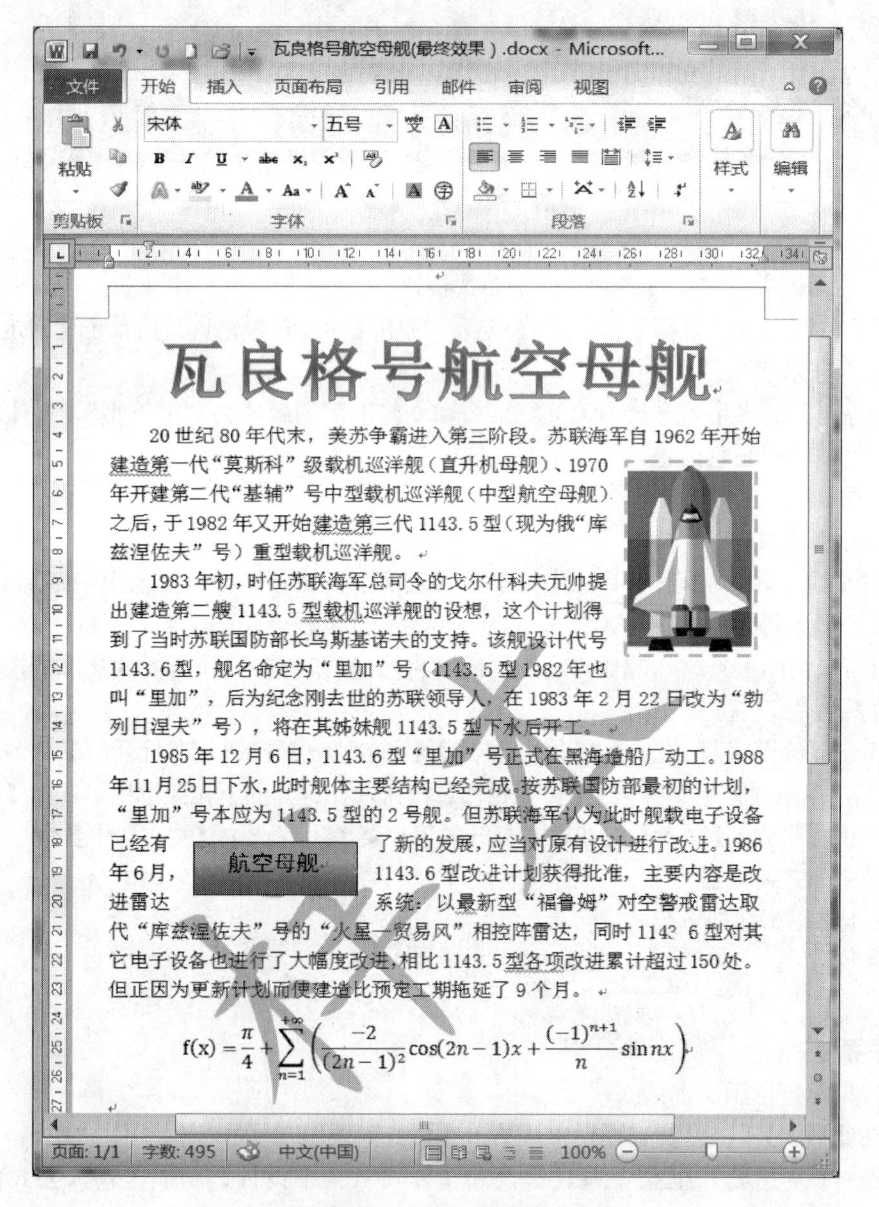

$$f(x)=\frac{\pi}{4}+\sum_{n=1}^{+\infty}\left(\frac{-2}{(2n-1)^2}\cos(2n-1)x+\frac{(-1)^{n+1}}{n}\sin nx\right)$$

图 3-36　图文混排效果

1. 插入 Space 类第 1 张剪贴画。

2. 设置剪贴画的尺寸为原来的 50%，为剪贴画添加 1.5 磅的橙色短划线边框，并设置为“四周型环绕”，右对齐。

3. 添加文本框，设置高度为 1 厘米，宽度为 3 厘米，紧密型环绕。在文本框内添加文字“航空母舰”，文字字体为黑体、小四号。为文本框设置名为“碧海青天”的渐变填充。

4. 标题样式使用第 3 行第 4 列的艺术字样式，上下型环绕，左右居中。

5. 设置背景为文字水印“样本”，字体为楷体、斜体、红色。

6. 在文本末尾输入图 3-36 所示的公式。

7. 保存退出。

实验 5　长文档的排版

一、实验目的

◆ 掌握 Word 2010 里长文档的排版方法。

◆ 学会添加目录的方法。

◆ 掌握在长文档中定位的方法。

二、预备知识

在编排一篇长文档或一本书时，需要对许多的同级标题和文字以及段落进行相同的排版工作，如果只是利用字体格式排版或段落格式排版功能，想要在几十页、上百页的文件里找出所有同级标题来，效率非常低。文档的格式也很难保持一致。如果我们先创建一个该格式的样式，然后在需要的地方套用这种样式，就无须一次次地对它们进行重复的格式化操作，这些问题就能轻松地解决了。

1. 样式的应用

方法：光标移动到待设置样式的段落内部，利用【开始】|【样式】栏（如图 3-37 所示）；或【样式】任务窗格（如图 3-38 所示）；或【样式】选项列表（如图 3-39 所示）中单击选择需要的样式即可。

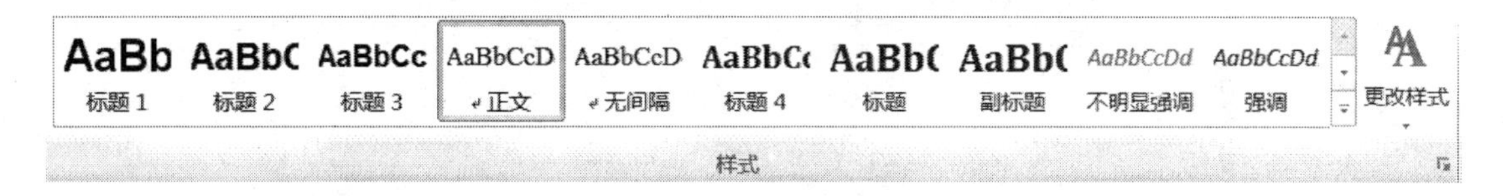

图 3-37　【样式】栏

2. 新样式的创建

如果 Word 为用户预定义的标准样式不能满足需要，可以创建新的样式。

方法：在【样式】任务窗格（如图 3-38 所示），单击【新建样式】按钮，打开【根据格式设置创建新样式】对话框，如图 3-40 所示。进行必要的设置后，单击【确定】按钮即可。

3. 样式的修改

方法：打开【样式】任务窗格（如图 3-38 所示），将鼠标移动到待修改的样式名上，然

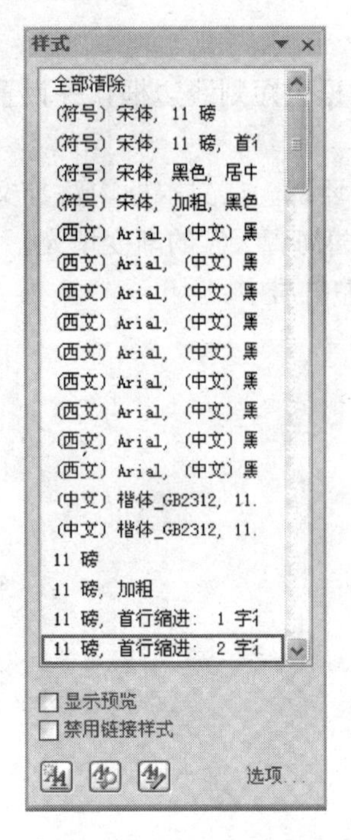

图 3-38 【样式】任务窗格

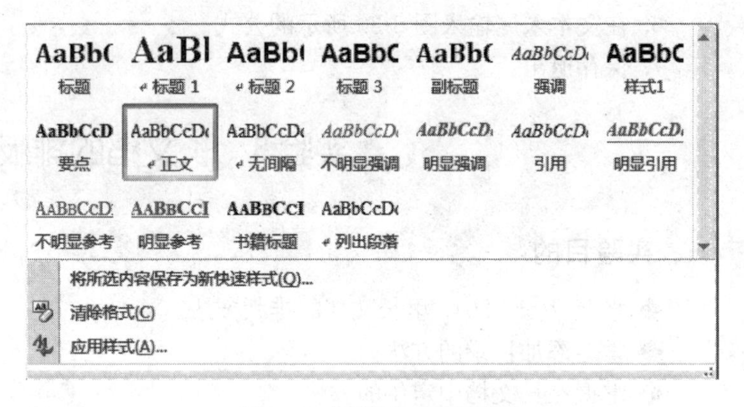

图 3-39 【样式】选项列表

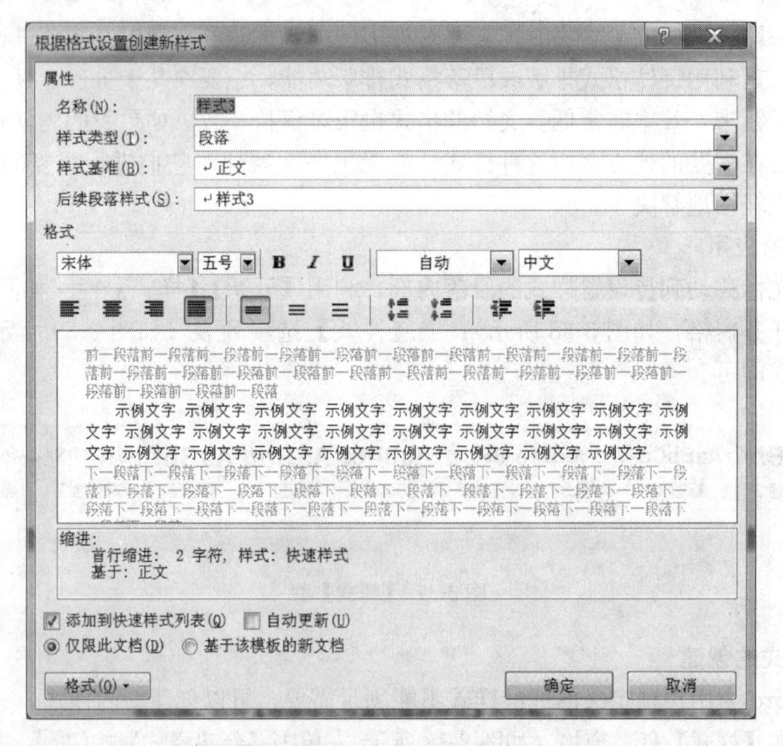

图 3-40 【根据格式设置创建新样式】对话框

后单击其右侧的下三角按钮弹出一个下拉菜单，选择【修改】命令打开【修改样式】对话框。进行必要的设置后，单击【确定】按钮即可。

4. 导航窗格

使用导航窗格可以对整个文档进行浏览。单击导航窗格中的标题后，Word 视图就会跳转到文档中的相应标题。使用导航窗格，不但可以方便地了解文档的层次结构，还可以快速定位长文档，大大缩短阅读和排版的时间。

方法： 单击【视图】|【显示】|【导航窗格】复选框，选择【浏览您的文档中的标题】选项卡即可，如图 3-41 所示。

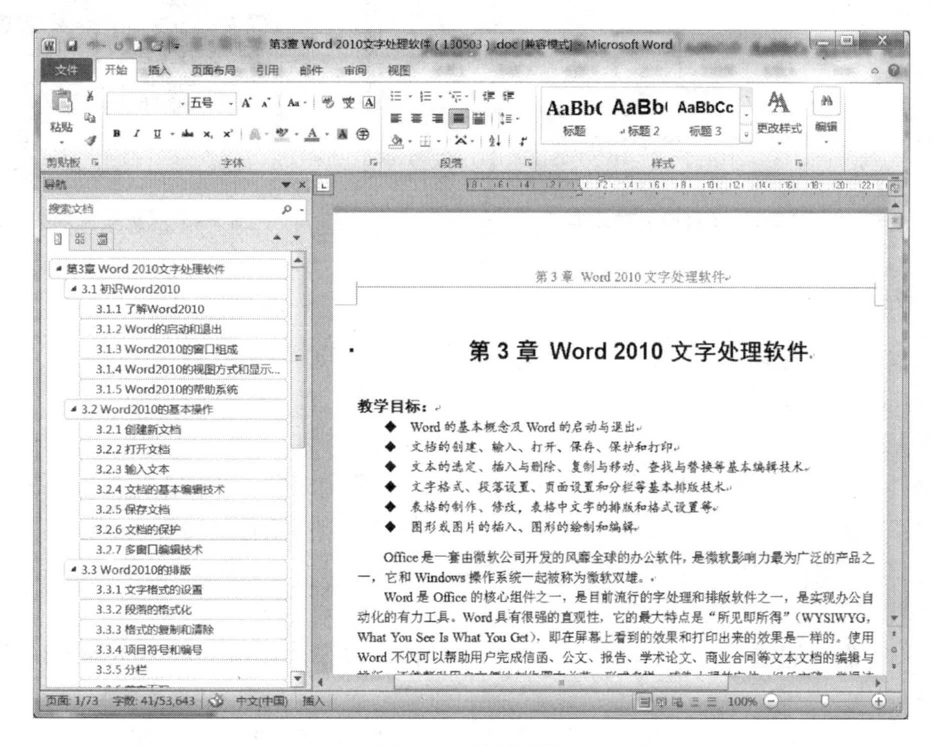

图 3-41 导航窗格

5. 添加目录

生成目录时一般主要用到标题 1、标题 2、标题 3，用户可根据需要先进行样式的设置和增减，再插入目录。

方法： 把光标移到需放置目录的位置，单击【引用】|【目录】栏中的【目录】按钮，在下拉菜单中，既可以选择目录样式，也可以单击【插入目录】命令，打开如图 3-42 所示的【目录】对话框，根据需要设置【显示级别】，单击【确定】完成。

6. 更新目录

方法： ① 将指针移到目录区左侧，使指针呈现"I"形状时，单击鼠标左键，选定目录内容。

② 按〈F9〉或者在【引用】|【目录】栏中单击【更新目录】按钮，打开【更新目录】对话框，如图 3-43 所示。在【只更新页码】和【更新整个目录】两个单选按钮中选择一个。

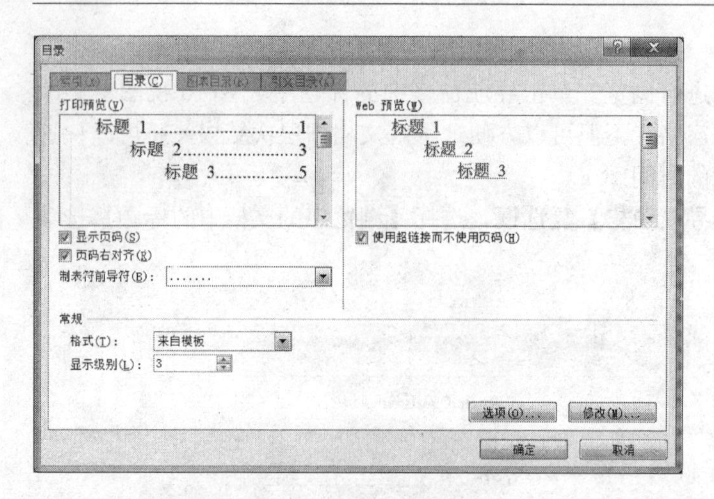

图 3-42 【目录】对话框

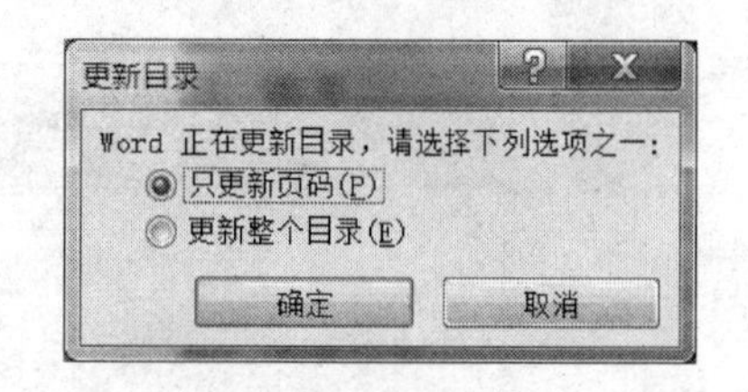

图 3-43 【更新目录】对话框

三、实验内容

打开文档“试题库系统建设研究 . docx”，对文档内容进行排版。

1. 修改标题样式

设置标题样式如下：

标题 1：黑体、加粗、小三号、居中，上下间距为段前 1 行、段后 1 行；

标题 2：黑体、加粗、四号、左对齐，上下间距为段前 0.5 行、段后 0.5 行；

标题 3：黑体、加粗、小四号，行距为固定值 20 磅。

操作提要：

① 单击【开始】|【样式】工具栏右下角的启动器按钮，打开如图 3-38 所示的【样式】任务窗格。

② 将鼠标移动到样式名【标题 1】上，然后单击其右侧的下三角按钮弹出一个下拉菜单，选择【修改】命令打开【修改样式】对话框，如图 3-44 所示。

③ 单击【格式】|【字体】命令，在弹出的【字体】对话框中，设置字体为黑体、加粗、小三号，单击【确定】按钮。

④ 单击【格式】|【段落】命令，在弹出的【段落】对话框中，设置对齐方式为【居中】，特殊格式为【无】，段前为【1 行】，段后为【1 行】，单击【确定】按钮。

⑤ 将鼠标移动到样式名【标题 2】上，重复②、③、④，设置【标题 2】为黑体、加粗、四号、左对齐，上下间距为段前 0.5 行，段后 0.5 行。

⑥【标题 3】设置方法与上述修改样式的方法相同，不再赘述。

2. 应用标题样式

按下列要求设置标题样式：

标题：标题 1

1 节名：标题 2

1.1 小节名：标题 3

操作提要：

① 将光标定位到“试题库系统建设研究”这一标题中，鼠标单击【标题 1】样式，使之

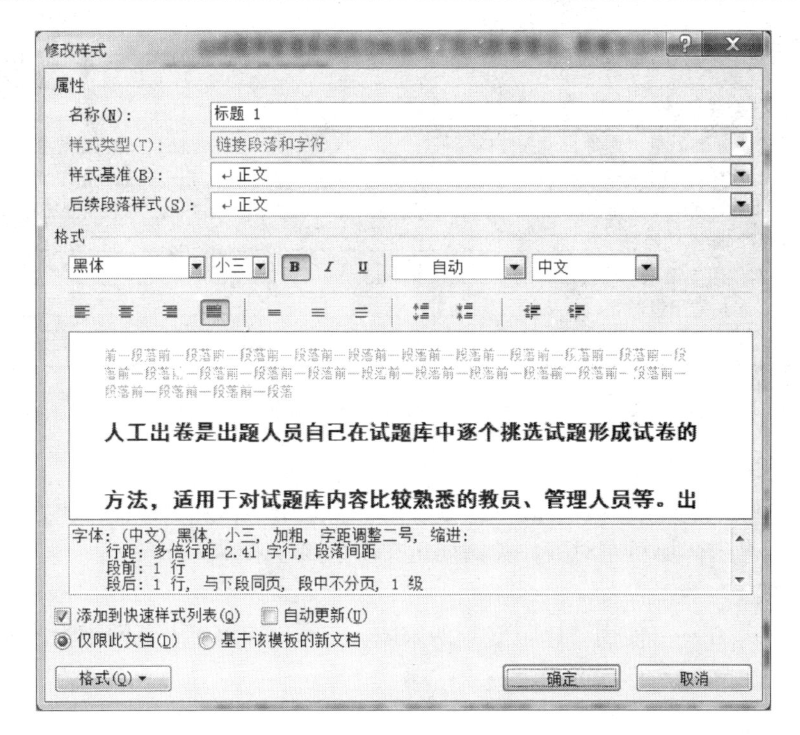

图 3-44　【修改样式】对话框

改为相应格式。

② 将光标定位到“1 引言”这节名中，鼠标单击【标题 2】样式，使之改为相应格式。

③ 按同样方法将文档中各个同级节名均设置为【标题 2】样式。

④ 将光标定位到“2.1 高质量试题库管理系统的特征”小节名中，鼠标单击【标题 3】样式，使之改为相应格式。

⑤ 按同样方法将文档中各个同级小节名均设置为【标题 3】样式。

3. 添加目录

在文档的开头创建目录。

操作提要：

① 将光标移至文档的开头

② 单击【引用】|【目录】栏中的【目录】按钮，在下拉菜单中，单击【插入目录】命令，打开如图 3-42 所示的【目录】对话框。

③ 在【显示级别】列表框中指定目录中显示的标题层次，一般显示 3 级目录比较恰当。

④ 在【制表符前导符】列表框中指定标题和页码之间的制表位分隔符。

⑤ 单击【确定】按钮，插入了目录后的效果如图 3-45 所示。

四、练习

打开论文“从《花样男子》到《一起来看流星雨》.docx”，按以下要求对论文进行排版。

1. 题目格式

题目“从《花样男子》到《一起来看流星雨》”，用二号宋体字加粗居中，间距段前设为 2 行；副标题“——论中韩两国的文化差异和联系”用三号楷体字右对齐，间距段后设为 1 行。

图 3-45　插入目录后的效果

2. 摘要、关键词、格式

“摘要”用四号宋体加粗加“【】”括号，摘要正文用小四号宋体，行距为固定值 20 磅；“关键词:”用四号宋体加粗左对齐，关键词正文用小四号宋体。

3. 标题样式

“一、(标题)”……（使用“标题 1”，即宋体、三号、加粗，上下间距为段前 1 行，段后 1 行）;

“（一）（标题）”……（使用“标题 2”，即宋体、四号、加粗，上下间距为段前 0.5 行，段后 0.5 行）;

“1. （标题）”……（使用“标题 3”，即宋体、小四号、加粗，行距为固定值 20 磅）;

“结语:”、“参考文献:”、“致谢词:”使用标题 1。

4. 正文格式

正文采用小四号宋体，行距为固定值 20 磅，首行缩进 2 个字符。

5. 目录格式

在文档开头添加文字“目录”，再另起一行自动生成论文目录。目录按不多于三级标题编写，要求层次清晰，且要与正文标题一致。主要包括正文主体、结语、参考文献、致谢词。“目录”两字，采用三号宋体加粗、居中，上下间距为段前 1 行、段后 1 行；目录字体用小四号宋体，行距为固定值 20 磅。

6. 保存退出

第 4 章

电子表格处理软件 Excel 2010 实验

学习本章的目的是使学生熟练掌握电子表格处理软件 Excel 的使用方法，并能综合运用 Excel 知识解决实际问题。本章的主要内容包括 Excel 的基本操作，Excel 的图表化和数据的排序、筛选、分类汇总等。

实验 1　Excel 2010 的基本操作

一、实验目的

◆ 掌握工作簿的新建、打开与保存。
◆ 掌握工作表的复制、移动、删除、插入和重命名的方法，工作表的保护。
◆ 掌握工作表中数据的输入。
◆ 掌握工作表中数据的编辑。
◆ 掌握设置数据有效性的方法。

二、预备知识

1. 工作簿的新建、打开、保存与关闭

与 Word 操作类似，不再赘述。

2. 工作表的基本操作

（1）移动或复制工作表

方法 1： 单击【开始】|【单元格】|【格式】|【移动或复制工作表】命令，【工作簿】列表中选择复制的目标工作簿，在【下列选定工作表之前】列表框中选择复制的目标位置。并选中【建立副本】复选框。单击【确定】按钮。

方法 2： 右击该工作表标签，在弹出的右键快捷菜单中选择【移动或复制（M）…】命令。

方法 3： 单击该工作表标签，按住〈Ctrl〉键拖动鼠标至目标位置，释放鼠标即可复制该工作表。

在上述操作中，在【移动或复制工作表】对话框中取消选中【建立副本】复选框，则执行移动工作表操作。另外，在同一个工作簿中移动工作表，直接拖动该工作表标签即可。

（2）插入工作表

方法 1： 单击【开始】|【单元格】|【插入】|【插入工作表】命令。

方法 2： 右击工作表标签，选择【插入】命令。

（3）删除工作表

选中要删除的工作表的标签，单击【开始】|【单元格】|【删除】|【删除工作表】命令即可。

（4）重命名工作表

方法 1： 单击【开始】|【单元格】|【格式】|【重命名】命令，输入新的工作表名称，再按〈Enter〉键即可。

方法 2： 右击工作表标签，在弹出的右键快捷菜单中选择【重命名(R)】命令。

方法 3： 双击要重命名的工作表标签，输入和确认新名称即可。

3. 工作表的保护

单击【审阅】|【更改】组|【保护工作表】按钮，在弹出的对话框中进行设置。

4. 输入数据

（1）输入数值型数据。

（2）输入文本型数据。

单元格的默认输入格式是“常规”，如果数据的第一数值为“0”，Excel 会自动取消，所以需要在输入数字前，加上一个单引号。或者可以单击【开始】|【数字】组|【设置单元格格式：数字】对话框启动器，打开【设置单元格格式】对话框|【数字】选项卡下的【文本】，然后单击【确定】，将数值型数据直接转换成文本型数据。

（3）填充相同数据。

初始值所在的单元格内容为纯字符、纯数字或是公式，填充相当于数据复制。操作步骤如下：

① 选定包含需要复制数据的单元格。

② 用鼠标拖动填充柄经过需要填充数据的单元格。

③ 释放鼠标按键即可。

（4）填充有规律的序列。

方法 1： 通过【序列】对话框实现自动填充。

① 选定需要输入序列的第一个单元格并输入序列数据的第一个数据。

② 单击【开始】|【编辑】组|【填充】按钮，执行【序列】命令，打开【序列】对话框。

③ 根据序列数据输入的需要，在【序列产生在】组中选定【行】或【列】单选按钮。

④ 在【类型】组中根据需要选【等差序列】、【等比序列】、【日期】或【自动填充】单选按钮。

⑤ 根据输入数据的类型设置相应的其他选项。单击【确定】按钮即可。

方法 2： 鼠标拖动填充。

操作一：选定待填充数据区的起始单元格，输入序列的初始数据，按住〈Ctrl〉键，同时再拖动填充柄，可以实现加 1 递增。

操作二：如果要让序列按给定的步长增长，首先在第一个单元格中输入第一个数值，选定起始单元格的下一单元格，在其中输入序列的第二个数值，头两个单元格中数值的差额将决定该序列的增长步长；选定包含初始值的多个单元格，用鼠标拖动填充柄经过待填充区域。

（5）填充预设的文本序列。

要填充有规律的文本序列，如“一月，二月，三月……”或“星期一，星期二，星期三……”以及天干、地支和季度等，在单元格输入序列中的任一项，拖动填充柄即可实现填充。

（6）填充自定义文本序列。

① 执行【文件】|【选项】|【高级】|【编辑自定义列表】命令。

② 在弹出的【自定义序列】对话框的【自定义序列】列表框中选择【新序列】，在右面

的【输入序列】列表框中可以自定义需要的序列，定义好后，单击【添加】按钮，单击【确定】即可。

5. 设置数据有效性

在工作表中选定要设置数据有效性的单元格或单元格区域，单击【数据】|【数据工具】组中的【数据有效性】按钮，在弹出的【数据有效性】对话框中设置有效性条件。

三、实验内容

任务一： 建立一个工作簿，完成如图 4-1 所示的学生成绩表数据的输入，并以“学号姓名成绩登记表.xlsx”为文件名保存在 E:\，将工作表 sheet1 改名为“学生成绩表”。

	A	B	C	D	E	F	G	H	I
1	学生成绩表								
2	序号	学号	姓名	专业	性别	英语	高数	计算机	
3	1	012013001	刘毅	计算机应用	男	88	95	95	
4	2	012013002	占杰	信息技术	男	55	65	87	
5	3	012013003	汪阳阳	网络工程	男	71	70	84	
6	4	012013004	左子玉	网络工程	女	80	84	88	
7	5	012013005	刘淇淇	信息技术	女	75	52	86	
8	6	012013006	周畅	计算机应用	男	78	88	73	
9	7	012013007	韦晓芸	计算机应用	女	54	90	72	
10	8	012013008	刘小美	计算机应用	男	55	65	55	
11	9	012013009	黄小龙	信息技术	男	50	65	56	
12	10	012013010	黄小芳	信息技术	女	80	84	88	
13	11	012013011	张军	网络工程	男	75	86	77	
14	12	012013012	李浩	网络工程	男	90	52	86	
15	13	012013013	王涛	信息技术	女	84	80	52	
16	14	012013014	王大山	计算机应用	男	76	60	80	
17	15	012013015	周志祥	计算机应用	男	69	78	60	

Sheet1 / Sheet2 / Sheet3

图 4-1 学生成绩表

操作提要：

1. 新建工作簿

单击【开始】|【所有程序】|【Microsoft Office】|【Microsoft Office Excel 2010】菜单命令，就可以启动 Excel 2010，同时计算机会自动建立一个新的文档。

2. 保存工作簿

① 单击【文件】选项卡。

② 在 Backstage 视图中选择【保存】命令，弹出【另存为】对话框。如图 4-2 所示。

③ 选择工作簿保存的位置。

④ 在【文件名】下拉列表中输入“学号姓名成绩登记表”的名称。

⑤ 单击【保存】按钮。

3. 输入数据

（1）输入表格标题

单击单元格 A1，在光标插入点输入标题“学生成绩表”。

（2）输入列标题

① 单击单元格 A2，输入“序号”。

② 单击单元格 B2，输入“学号”。

③ 单击单元格 C2，输入“姓名”，依此类推。分别在指定单元格中输入文本内容。

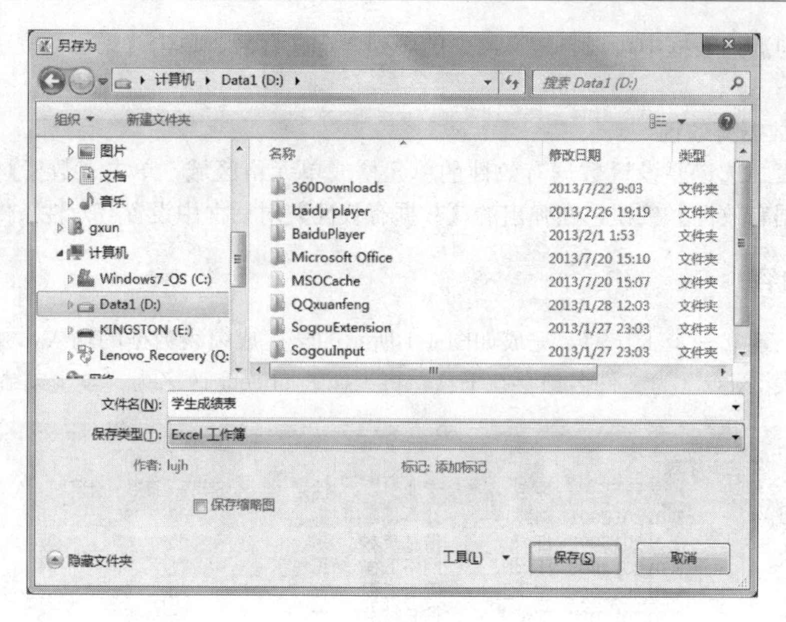

图 4-2　保存工作簿

（3）“序号”所在列的输入

提示：使用“填充有规律的序列”的方法。

① 单击 A1，输入数值型数据“1”。

② 将光标停留在单元格的右下角，当出现填充柄“+”时，同时按住鼠标左键和〈Ctrl〉键，拖动鼠标至单元格 A17，即可在单元格区域 A1:A17 内自动生成序号，如图 4-3 所示。

（4）“学号”列的输入

提示：用自动填充实现输入。

方法 1：①单击单元格 B3，输入“’012013001”；②利用填充柄在单元格区域 B3:B17 中自动填充其他的学号，如图 4-4 所示。

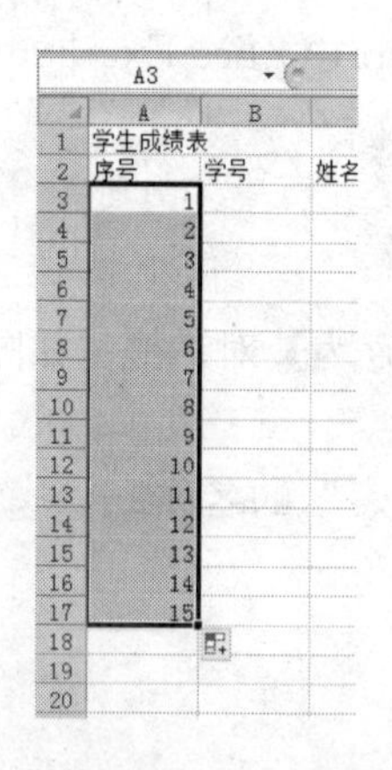

图 4-3　输入“序号”

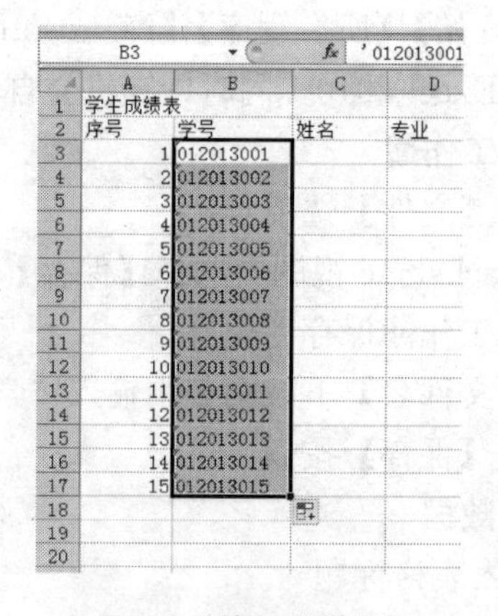

图 4-4　输入“学号”

方法 2：①单击单元格 B3；②单击【开始】|【单元格】|【格式】|【设置单元格】命令，打开【设置单元格格式】对话框，单击【数字】标签，选择【分类】|【文本】，单击【确定】按钮，如图 4-5 所示；③设置完成后，在 B3 中输入学号“012013001”，然后利用填充柄在单元格区域 B3：B17 中自动填充其他的学号。

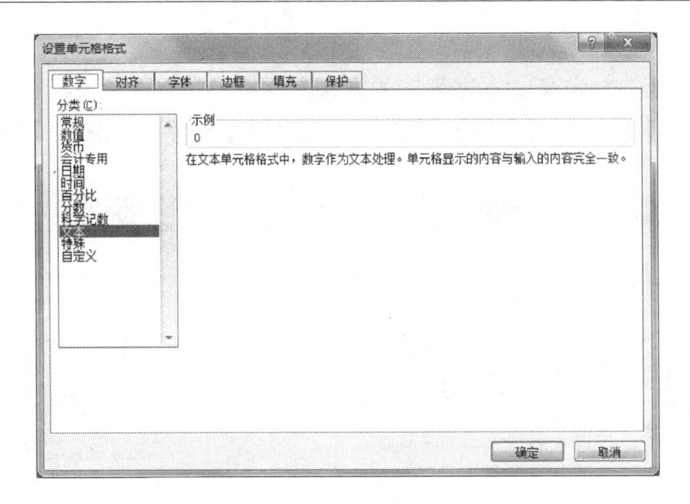

图 4-5　【设置单元格格式】对话框

4. 重命名工作表

右击工作表标签 Sheet1，在弹出的右键快捷菜单中选择【重命名（R）】命令，如图 4-6 所示。此时该工作表标签处于可编辑的状态，输入新的工作表名称“学生成绩表”，再按〈Enter〉键即可。

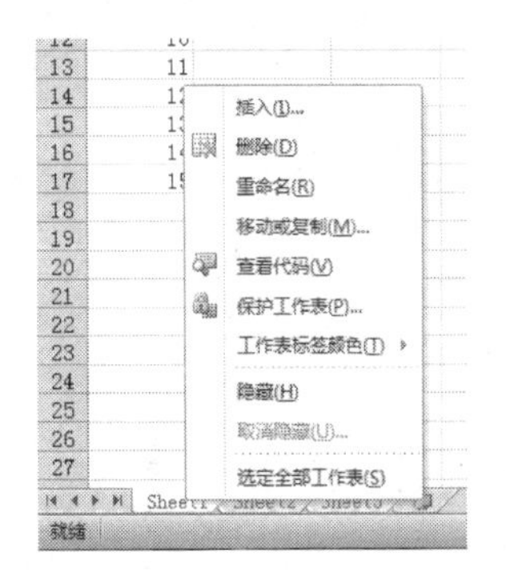

图 4-6　右键快捷菜单

任务二：在工作簿《学号姓名成绩登记表》中的工作表 sheet2 中，完成如下数据的输入，如图 4-7 所示。将工作表 sheet2 改名为“仪器表”。

	A	B	C	D	E	F	G	H	I
1	仪器编号	仪器名称	类别	进货日期	星期	单价	库存	库存总价	
2	300	真空计	一类	2013年2月1日	星期五	175	6		
3	305	电压表	二类	2013年2月2日	星期六	185	16		
4	310	抽气机	三类	2013年2月3日	星期日	275	54		
5	315	电流表	四类	2013年2月4日	星期一	195	61		
6	320	真空罩	五类	2013年2月5日	星期二	165	46		
7	325	示波器	六类	2013年2月6日	星期三	450	39		
8									

Sheet1　Sheet2　Sheet3　　就绪　100%

图 4-7　仪器库存表

关键操作提要：

1. “仪器编号”列数据的输入

提示：使用“填充有规律的序列”的方法。

① 单击单元格 A2，输入数值“300”。

② 鼠标拖动选定单元格区域 A2:A7。

③ 单击【开始】|【编辑】|【填充】按钮，在下拉菜单选择【序列】命令，打开【序列】对话框，做如图 4-8 所示的设置，填充步长为 5 的等差序列。单击【确定】按钮，即可完成数据的填充。

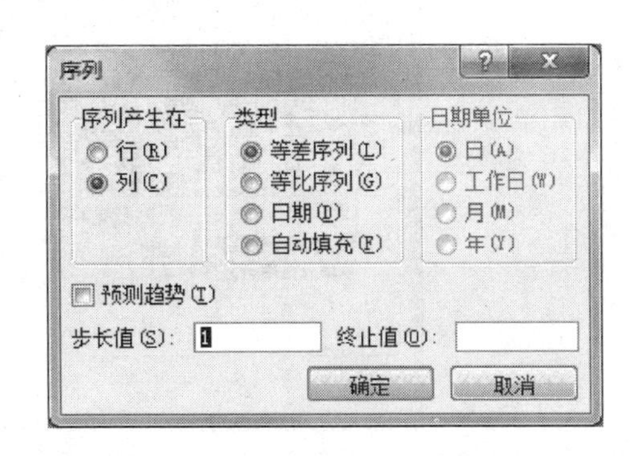

图 4-8　设置【序列】对话框

2. “类别”列数据的输入

提示：使用“填充自定义文本序列”的方法。

① 单击【文件】|【选项】|【高级】|【编辑自定义列表】命令，如图 4-9 所示。

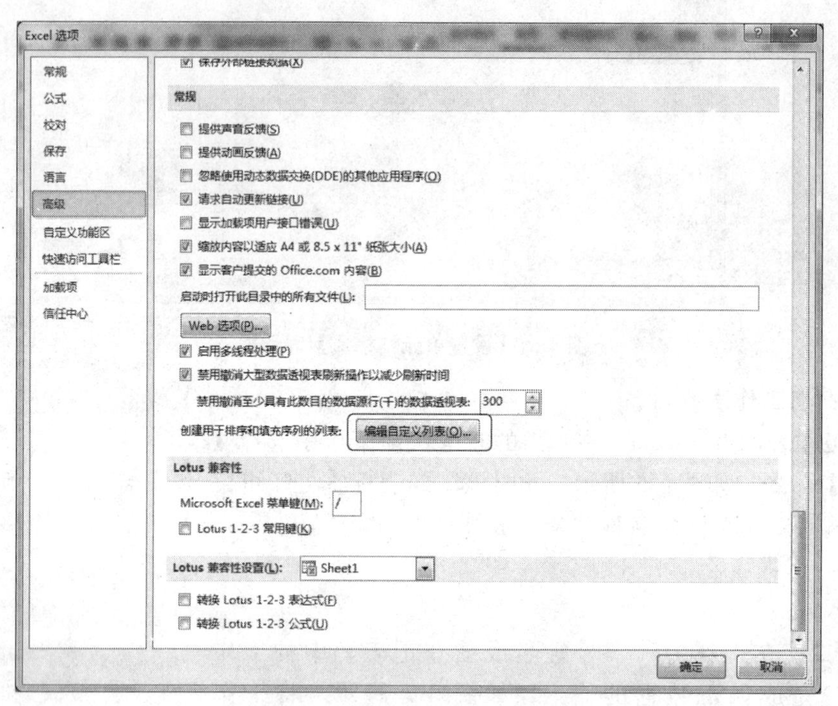

图 4-9　【Excel 选项】对话框

② 在弹出的【自定义序列】对话框的【自定义序列】列表框中选择【新序列】，在右面的【输入序列】列表框中输入“一类”、“二类”……“六类”的序列（注意：按〈Enter〉键分隔序列条目），如图 4-10 所示。定义好后，单击【添加】按钮，依次单击【确定】即可。

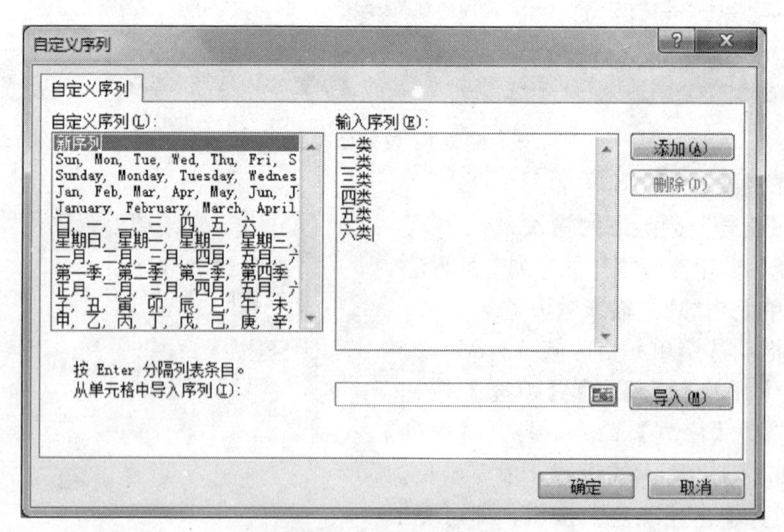

图 4-10　自定义文本序列

③ 单击单元格 C2，输入文本“一类”。

④ 利用填充柄在单元格区域 C3:C7 中自动填充其他的序列条目，如图 4-11 所示。

3. “进货日期”列的输入

① 单击单元格 D2，输入文本“2013-2-1”。

② 利用填充柄在单元格区域 D3:D7 中自动填充其他的序列条目。

4. “星期”列数据的输入

① 单击单元格 E2，输入文本“星期五”。

② 利用填充柄在单元格区域 E3:E7 中自动填充其他的序列条目，如图 4-12 所示。

	A	B	C	D
1	仪器编号	仪器名称	类别	进货日期
2	300	真空计	一类	2013年2月1日
3	305	电压表		2013年2月2日
4	310	抽气机		2013年2月3日
5	315	电流表		2013年2月4日
6	320	真空罩		2013年2月5日
7	325	示波器		2013年2月6日
8			六类	
9				

图 4-11　利用填充柄填充类别

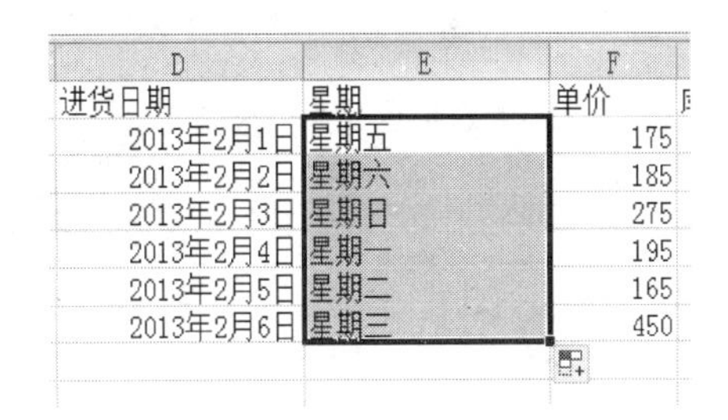

D	E	F
进货日期	星期	单价
2013年2月1日	星期五	175
2013年2月2日	星期六	185
2013年2月3日	星期日	275
2013年2月4日	星期一	195
2013年2月5日	星期二	165
2013年2月6日	星期三	450

图 4-12　利用填充柄填充星期

任务三：为工作表“学生成绩表”作一个副本，副本工作表重命名为“备份”；给工作表“备份”设置保护密码，密码统一设置为 123；将“学生成绩表”表中的分数区域设置有效性为：输入非负数，且在 0～100 之间，当单元格中输入无效数据时，系统会发出警告“对不起，您输入的信息不符合要求！”。

操作提要：

1. 复制工作表

① 单击工作表“学生成绩表”，单击【开始】|【单元格】功能组|【格式】按钮，从弹出的快捷菜单中选择【移动或复制工作表】命令，如图 4-13 所示。

② 在【工作簿】列表中选择“学生成绩表”，在【下列选定工作表之前】列表框中选择“仪器表”，并选中【建立副本】复选框，如图 4-14 所示。

③ 单击【确定】按钮，复制的工作表默认名字为“学生成绩表 (2)”。重命名为“备份”。

图 4-13　【移动或复制工作表】

2. 工作表的保护

① 在“备份”工作表中，单击【审阅】选项卡|【更改】组|【保护工作表】按钮，如图 4-15 所示。

② 设置【保护工作表】对话框，如图 4-16 所示，输入保护密码“123”。

3. 数据有效性设置

① 在“学生成绩表”工作表中，选定单元格区域 F3:H17。

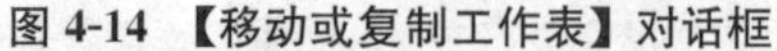

图 4-14 【移动或复制工作表】对话框

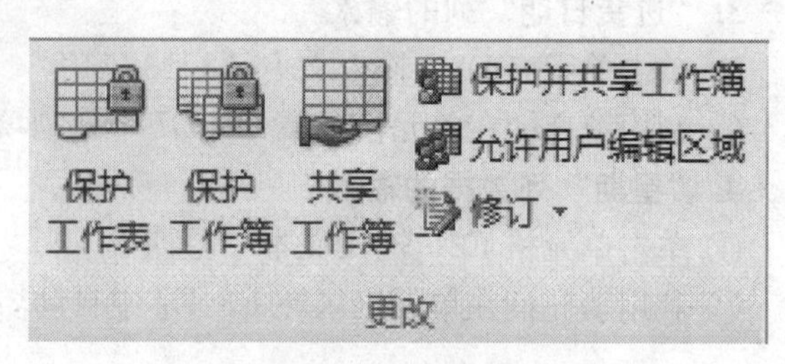

图 4-15 保护工作表按钮

② 单击【数据】选项卡|【数据工具】组|【数据有效性】按钮，如图 4-17 所示。

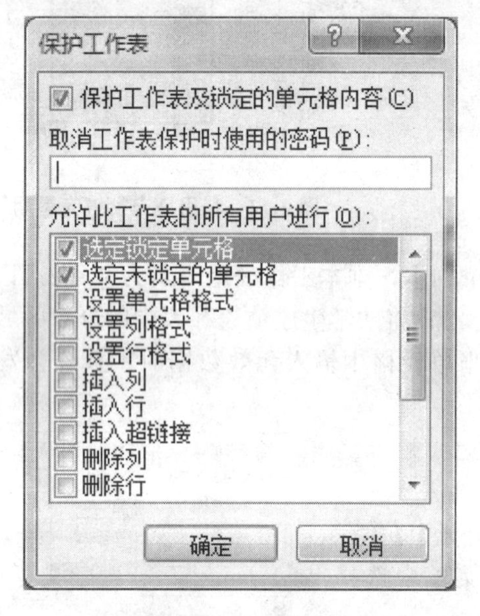

图 4-16 【保护工作表】对话框

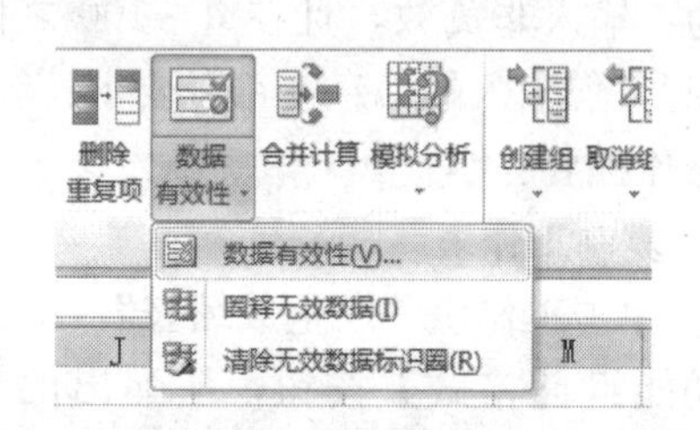

图 4-17 【数据有效性】命令

③ 弹出【数据有效性】对话框，在【设置】选项卡中完成如图 4-18 的设置，即【允

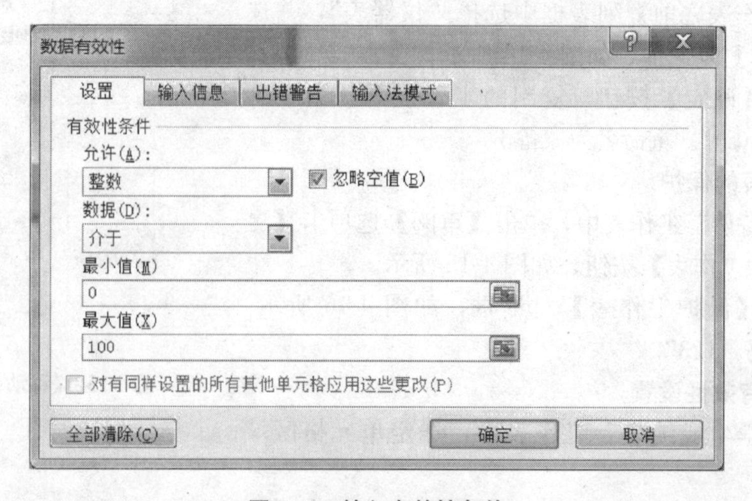

图 4-18 输入有效性条件

许】为“整数”，在【数据】下拉列表框中，选择“介于”选项，在【最小值】文本框中，输入允许用户输入的最小值“0”，在【最大值】文本框中，输入允许用户输入的最大值“100”。

④ 设置下一项目，切换到【输入信息】选项卡，在【选定单元格时显示下列输入信息】选项组中，单击【标题】文本框，输入标题，如“允许的数值”，在【输入信息】文本框中，输入信息，如“0～100”，如图 4-19 所示。

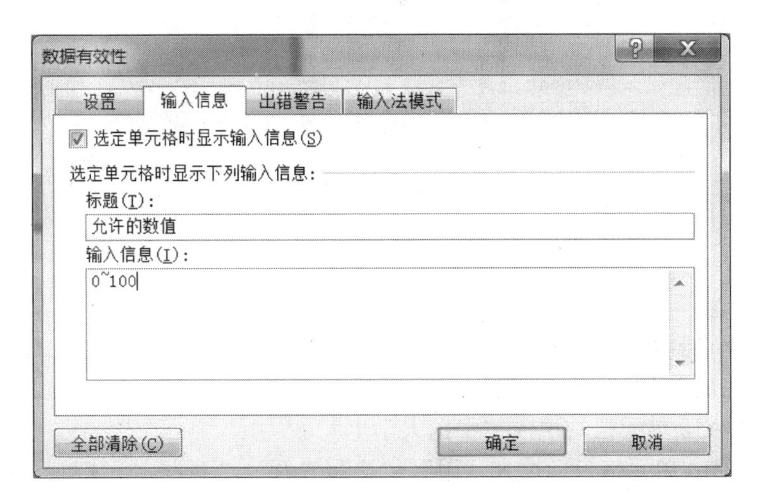

图 4-19 【输入信息】选项卡

⑤ 切换到【出错警告】选项卡，单击【样式】下拉列表框，选择【警告】选项，在【标题】文本框中，输入标题，如“信息不符”，在【错误信息】文本框中，输入提示信息：“对不起，您输入的信息不符合要求！”，单击【确定】按钮，如图 4-20 所示。

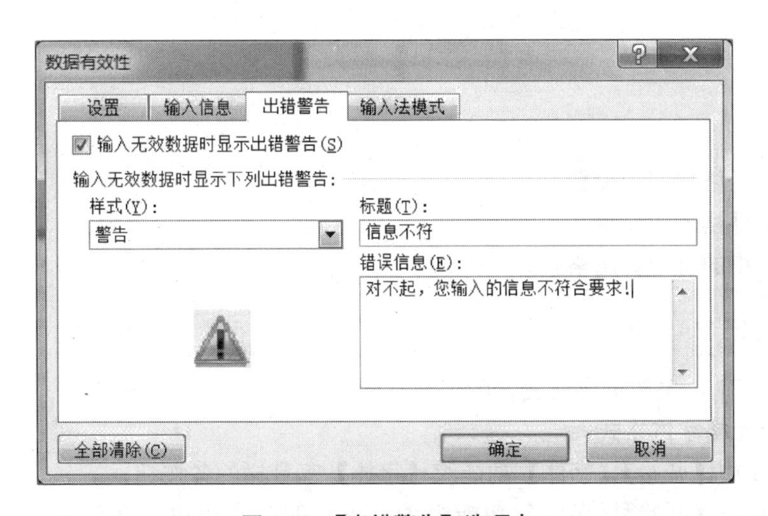

图 4-20 【出错警告】选项卡

⑥ 在工作表中，单击任意已设置数据有效性的单元格，会显示刚才设置输入信息的提示信息，如图 4-21 所示。

	A	B	C	D	E	F	G	H
1	学生成绩表							
2	序号	学号	姓名	专业	性别	英语	高数	计算机
3	1	012013001	刘毅	计算机应用	男	88	95	95
4	2	012013002	占杰	信息技术	男	55		
5	3	012013003	汪阳阳	网络工程	男	71		
6	4	012013004	左子玉	网络工程	女	80		
7	5	012013005	刘淇淇	信息技术	女	75	52	86
8	6	012013006	周畅	计算机应用	男	78	88	73
9	7	012013007	韦晓芸	计算机应用	女	54	90	72
10	8	012013008	刘小美	计算机应用	男	55	65	55
11	9	012013009	黄小龙	信息技术	男	50	65	56
12	10	012013010	黄小芳	信息技术	女	80	84	88
13	11	012013011	张军	网络工程	男	75	86	77
14	12	012013012	李浩	网络工程	男	90	52	86
15	13	012013013	王涛	信息技术	女	84	80	52
16	14	012013014	王大山	计算机应用	男	76	60	80
17	15	012013015	周志祥	计算机应用	男	69	78	60

允许的数值
0~100

图 4-21 提示信息

四、练习

1. 在工作簿“学生成绩表”中插入新的工作表，并重命名为“填充练习”。在工作表“填充练习”中完成以下 2～5 题的练习。

2. 在 A1 至 A15 单元格均填入“中国大学生”。

3. 在 B1 至 B10 单元格自动填充“甲”，“乙”，“丙”，“丁”……序列。

4. 在 C1 至 C6 自定义一个序列（内容为：A 班，B 班……F 班）。

5. 在 F8 输入 1，纵向填充 1 的等差数列（步长 2，共 10 个数据），在 H10 输入 3，横向填充等比数列（步长 4，共 5 个数据）。

6. 在某一列实现自然数序列 1，2，3，…，15 的填充，有几种方法来实现？

实验 2 工作表的格式化

一、实验目的

◆ 掌握单元格格式的设置。

◆ 掌握条件格式的设置。

◆ 掌握表格的自动套用格式。

二、预备知识

操作遵循原则：先选定要格式化的区域，然后再使用以下各操作步骤。

1. 设置单元格字体格式

方法 1：使用【开始】|【字体】功能组|【字体】工具栏的各按钮；

方法 2：单击【开始】|【字体】功能组中右下角的箭头按钮，设置【设置单元格格式】对话框|【字体】选项卡；

方法 3：使用【开始】|【样式】功能组|【单元格样式】按钮。

2. 设置单元格数字格式

可设置数值格式为货币模式、百分比模式以及千位分隔模式、小数位数等。

方法 1：使用【开始】|【数字】功能组的各按钮；

方法 2：单击【开始】|【数字】功能组中右下角的箭头按钮，设置【设置单元格格式】对话框|【数字】选项卡；

3. 设置单元格边框格式

方法 1：单击【开始】|【字体】组的【边框】选项按钮，在弹出的下拉列表中选择一种内置边框样式。

方法 2：单击【开始】|【字体】功能组中右下角的箭头按钮，设置【设置单元格格式】对话框｜【边框】选项卡，可完成边框的设置。

4. 设置条件格式

单击【开始】|【样式】组|【条件格式】按钮，从弹出的菜单中选择相应的规则和样式，如选择【突出显示单元格规则】|【大于】命令，将打开【大于】对话框，在其中可为所选单元格或单元格区域设置条件格式。

5. 表格自动套用格式

选择【开始】|【样式】功能组中的【套用表格格式】命令，打开【套用样式】下拉菜单。选择一种样式后，打开【套用表格式】对话框，输入要使用该样式的单元格区，最后单击【确定】按钮即可。

三、实验内容

任务一：对工作簿“学生成绩登记表”的“学生成绩表”进行格式化，如图 4-22 所示。

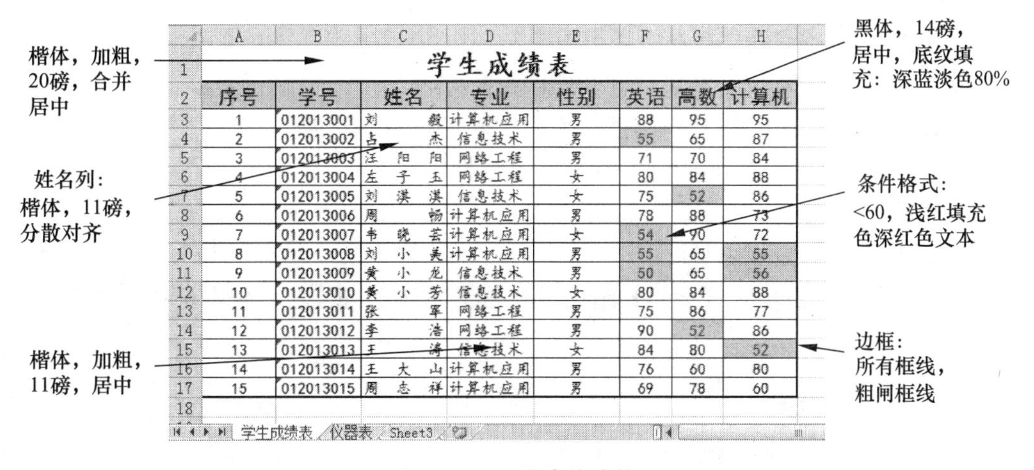

学生成绩表

序号	学号	姓名	专业	性别	英语	高数	计算机
1	012013001	刘　　毅	计算机应用	男	88	95	95
2	012013002	占　　杰	信息技术	男	55	65	87
3	012013003	汪　阳　阳	网络工程	男	71	70	84
4	012013004	左　子　玉	网络工程	女	80	84	88
5	012013005	刘　渼　渼	信息技术	女	75	52	86
6	012013006	周　　畅	计算机应用	男	78	88	73
7	012013007	韦　晓　芸	计算机应用	女	54	90	72
8	012013008	刘　小　美	计算机应用	男	55	65	55
9	012013009	黄　小　龙	信息技术	男	50	65	56
10	012013010	黄　小　芳	信息技术	女	80	84	88
11	012013011	张　　军	网络工程	男	75	86	77
12	012013012	李　　浩	网络工程	男	90	52	86
13	012013013	王　　涛	信息技术	女	84	80	52
14	012013014	王　大　山	计算机应用	男	76	60	80
15	012013015	周　志　祥	计算机应用	男	69	78	60

图 4-22　工作表格式化

操作提要：

1. 表格标题设置

① 单击单元格 A1。

② 单击【开始】|【字体】功能组|【字体】按钮，选择“楷体”；单击【字号】按钮，选择“20”；单击【加粗】按钮，设置加粗。

③ 鼠标拖动选定单元格区域 A1:H1，单击【开始】|【对齐方式】功能组｜【合并后居中】按钮 合并后居中。

2. 表格标题列设置

① 选定单元格区域 A2:H2，设置为“黑体”，字号“14”，对齐方式“居中”。

② 底纹设置：单击【开始】|【字体】功能组|【填充颜色】按钮，选择“深蓝，文字 2，淡色 80%”，如图 4-23 所示。

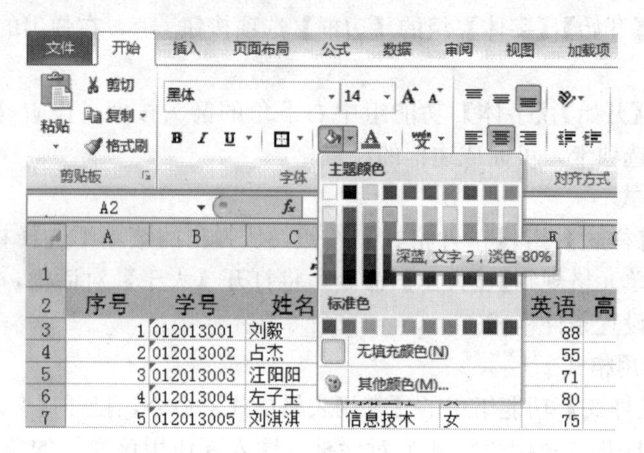

图 4-23　底纹填充

3. 表格内容格式设置

选定单元格区域 A3:H17，设置“楷体”，“11 号”，“居中”。“姓名”列设置为“分散对齐”。

4. 条件格式

① 选定单元格区域 F3:H17。

② 单击【开始】|【样式】功能组|【条件格式】按钮。

③ 选择【突出显示单元格规则】|【小于】命令，如图 4-24 所示。打开【小于】对话框，如图 4-25 所示完成设置。

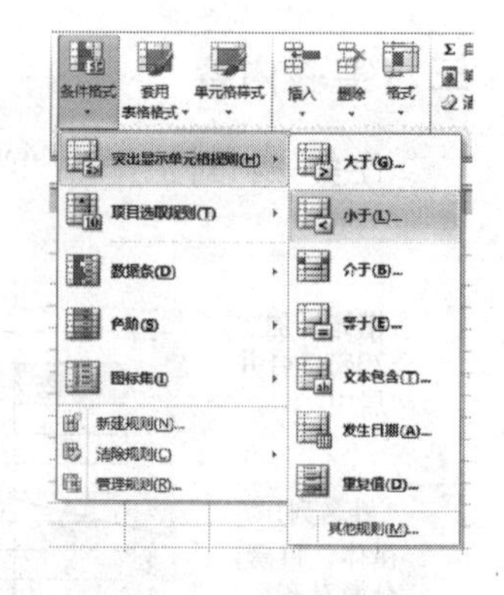

图 4-24　【条件格式】命令

5. 边框设置

① 选定单元格区域 A2:H17。

② 单击【开始】选项卡|【字体】组的【边框】选项按钮，分别选择“所有框线”、“粗闸框线”。

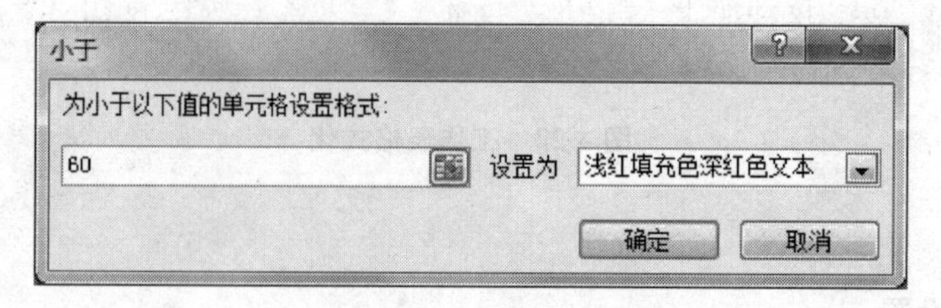

图 4-25　【小于】对话框

任务二：对工作簿“学号姓名成绩登记表”的“仪器表”进行格式化：“单价”列设置 2 位小数、人民币符号格式显示；表格行高为 24，列宽为 13；自动套用格式“表样式浅色 20”。效果如图 4-26 所示。

仪器编号	仪器名称	类别	进货日期	星期	单价	库存	库存总价
300	真空计	一类	2013年2月1日	星期五	¥ 175.00	6	
305	电压表	二类	2013年2月2日	星期六	¥ 185.00	16	
310	抽气机	三类	2013年2月3日	星期日	¥ 275.00	54	
315	电流表	四类	2013年2月4日	星期一	¥ 195.00	61	
320	真空罩	五类	2013年2月5日	星期二	¥ 165.00	46	
325	示波器	六类	2013年2月6日	星期三	¥ 450.00	39	

图 4-26 仪器表格式化效果

操作提要：

1. “单价”列的格式设置

① 单击单元格区域 F2:F7。

② 单击【开始】|【数字】功能组|【增加小数位数】按钮，设置显示两位小数；单击【会计数字格式】按钮，如图 4-27 所示，设置显示人民币符号。

2. 设置行高、列宽

① 选定表格（A1:H7）。

② 单击【开始】|【单元格】功能组|【格式】按钮，在下拉菜单中选择【行高】，如图 4-28 所示。

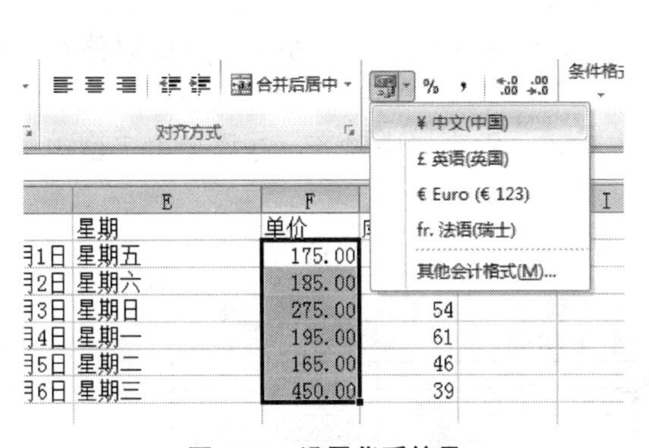

图 4-27 设置货币符号

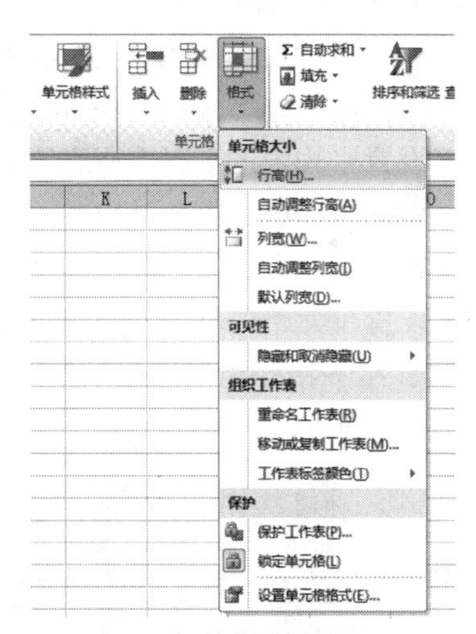

图 4-28 【行高】命令

③ 在弹出的【行高】对话框输入行高“24”，单击【确定】按钮。如图 4-29 所示。

图 4-29 【行高】对话框

④ 类似的操作设置列宽为“13”。

3. 表格自动套用格式

① 选定表格（A1:H7）。

② 单击【开始】选项卡|【样式】功能组|【套用表格格式】命令，打开如图 4-30 所示的【套用样式】下拉菜单。

③ 选择样式“表样式浅色 20”，打开【套用表格式】对话框，如图 4-31 所示，然后单击【确定】按钮即可。

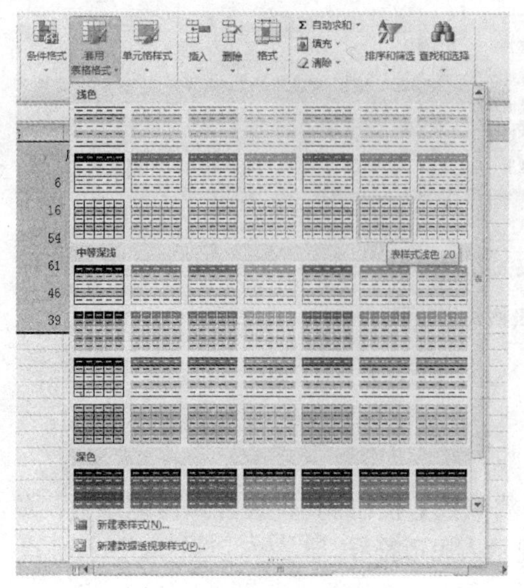

图 4-30　自动套用格式

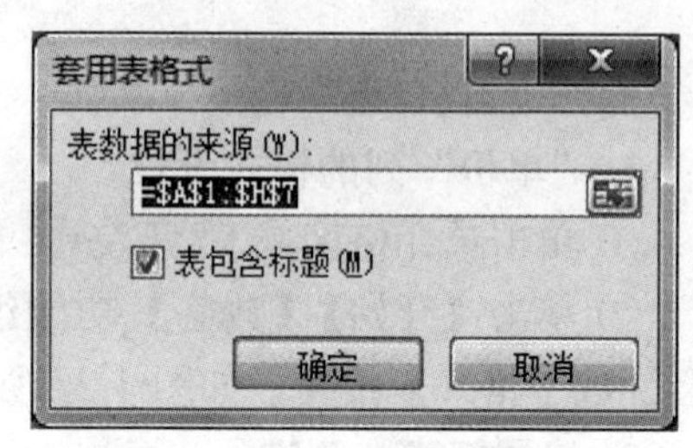

图 4-31　【套用表格式】对话

四、练习

打开“工作表格式化练习”工作簿的“工资表”工作表，完成如下设置。

1. 在第 1 行之前插入一行作为标题行，A1 单元格输入“职工工资表”。设置标题行合并居中，16 磅字体、加粗、黑体、底纹为橄榄色强调文字颜色 3 淡色 80%。

2. 设置平均值的数据为保留 2 位小数的格式。

3. 设置数据区域 E3:H9 中，大于 4000 的以红色字体显示，小于 500 的以浅红填充色深红色文本显示。

4. 设置单元格区域 A2:H11 为水平居中对齐，垂直居中对齐，并添加田字型边框（所有框线）。给表格外边框加粗闸框线。

效果如图 4-32 所示。

	A	B	C	D	E	F	G	H
1	**职工工资表**							
2	职工号	姓名	性别	部门	基本工资	职务工资	奖金	应发工资
3	001	王东	男	一系	1800	1500	550	3850
4	002	李娜	女	二系	1600	1300	400	3300
5	003	郑明明	男	三系	2000	1800	790	4590
6	004	刘磊	男	三系	1500	1200	450	3150
7	005	陈丽	女	一系	2000	1900	800	4700
8	006	张松	女	二系	1600	1300	470	3370
9	007	黄鸿宇	男	三系	1000	800	350	2150
10	小计				11500	9800	3810	25110
11	平均值				1642.86	1400.00	544.29	3587.14
12								

图 4-32　设置完成效果图

实验 3　公式与函数

一、实验目的

◆ 熟练掌握 Excel 中公式的输入和应用方法。

◆ 熟练掌握常用函数的使用方法。

◆ 掌握相对地址、绝对地址在应用中的区别。

二、预备知识

1. 公式的输入

① 单击要输入公式的单元格。

② 输入等号“=”，输入公式的表达式。

③ 单击编辑栏左侧的输入按钮“✓”，或按 Enter 键。

注意：公式遵循的语法规则是，最前面是等号“=”，后面是参与计算的数据对象和运算符。如公式“=A3+4*6”，公式中包括函数、参数、常量和运算符。

2. 公式的复制

方法 1：先选中公式所在单元格，然后直接拖动单元格右下角的“填充柄”到目标单元格。

方法 2：利用复制与粘贴操作即可实现公式的复制。

注意：直接进行公式复制时，若公式中使用的是单元格的相对地址则在公式复制到目标单元格后，公式中的单元格地址会自动发生相应的变化；与之相对应的是，若公式中的单元格使用的是绝对地址，在进行公式复制时，目标单元格里公式中的单元格地址是不会发生变化的。

3. 函数的输入

函数实际是公式的一种。

函数的表达式由三部分组成：

=函数名（参数 1，参数 2，参数 3，…）

其中，等号表示执行计算操作；函数名表示执行计算的运算法则，一般用一个英文单词的缩写表示；括号里的参数可以是常量、单元格引用、单元格区域引用、公式或者其他函数。例如：=SUM（A1，B1）

常用的函数有 SUM、AVERAGE、IF、COUNT、MAX、MIN 等。

输入函数有如下方法。

方法 1：在【编辑栏】中直接输入函数。

① 选定执行计算的单元格。

② 单击【编辑栏】，在其中输入等号（=）后输入函数名。当输入函数名第一个字母时，系统将自动提示可选的函数名，此时可以双击所选的函数名，也可以继续输入所需的函数名。

③ 输入左括号，系统自动提示函数参数，然后输入右括号。括号中的参数输入，可以用手工直接输入单元格地址，也可以用鼠标直接在相应的单元格区域上拖动选定而自动显示在括号中。

④ 单击【编辑栏】上的“输入”按钮✓或按 Enter 键，Excel 将执行函数计算的结果显示在选定的单元格中。

方法 2：使用【插入函数】对话框输入函数。

① 选定执行计算的单元格。

② 单击【公式】选项卡中的“插入函数”按钮fx或编辑栏上的【插入函数】按钮fx。

在单元格中或编辑栏中将自动显示等号（=），并打开【插入函数】对话框。

③ 在对话框的【选择函数】列表框中选择需要的函数，如果所需的函数不在这里面，再打开【或选择类别】下拉列表框进行选择。

④ 单击【确定】按钮，打开【函数参数】对话框。在对话框中可以直接输入函数的参数，也可以用鼠标选取相应的单元格区域，Excel 会自动将它们添加到参数的位置上。

⑤ 单击【确定】按钮，执行函数运算，并将结果显示在所选取的单元格中。

此外，利用【公式】|【函数库】组|【自动求和】按钮Σ。可进行自动求和、自动求平均值、自动计数等操作。

三、实验内容

任务一：启动 Excel 2010，打开工作簿“公式与函数”的工作表“学生成绩表”，用公式或函数的方法分别求出总分、平均分、总评、单科最高分、单科最低分、单科平均分、成绩表总人数。

1. 计算总分方法一：利用公式计算

操作提要：

① 单击 I3 单元格。

② 输入等号“=”，输入公式的表达式“F3+G3+H3”（鼠标单击选定参与运算的单元格即可快速输入单元格地址）。如图 4-33 所示。

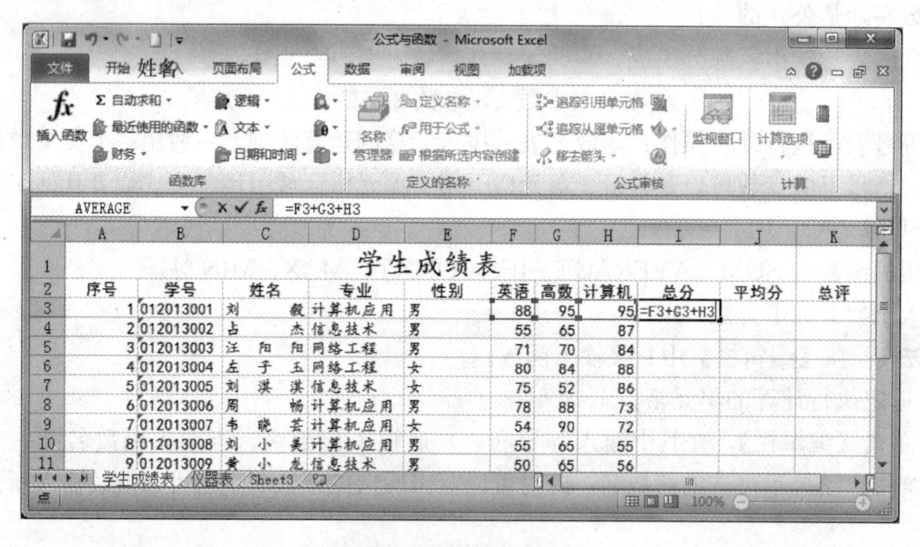

图 4-33　输入公式

③ 单击编辑栏左侧的输入按钮“✓”，或按 Enter 键。

④ 将鼠标移到 I3 单元格右下角的“填充柄”上，鼠标变为黑色的实心“+”型，按住鼠标左键拖动到 I17 单元格，释放鼠标，则完成其他学生的总分计算，如图 4-34 所示。

2. 计算总分方法二：利用自动求和按钮计算

操作提要：

① 选定单元格区域 F3：I17，如图 4-35 所示；

	A	B	C	D	E	F	G	H	I	J	K
1	学生成绩表										
2	序号	学号	姓名	专业	性别	英语	高数	计算机	总分	平均分	总评
3	1	012013001	刘 毅	计算机应用	男	88	95	95	278		
4	2	012013002	占 杰	信息技术	男	55	65	87	207		
5	3	012013003	汪阳阳	网络工程	男	71	70	84	225		
6	4	012013004	左子玉	网络工程	女	80	84	88	252		
7	5	012013005	刘淇淇	信息技术	女	75	52	86	213		
8	6	012013006	周 畅	计算机应用	男	78	88	73	239		
9	7	012013007	韦晓芸	计算机应用	女	54	90	72	216		
10	8	012013008	刘小美	计算机应用	男	55	65	55	175		
11	9	012013009	黄小龙	信息技术	男	50	65	56	171		
12	10	012013010	黄小芳	信息技术	女	80	84	88	252		
13	11	012013011	张 军	网络工程	男	75	86	77	238		
14	12	012013012	李 浩	网络工程	男	90	52	86	228		
15	13	012013013	王 涛	信息技术	女	84	80	52	216		
16	14	012013014	王大山	计算机应用	男	76	60	80	216		
17	15	012013015	周志祥	计算机应用	男	69	78	60	207		
18			单科最高分								
19			单科最低分								
20			单科平均分								

图 4-34　复制公式

	A	B	C	D	E	F	G	H	I	J	K
1	学生成绩表										
2	序号	学号	姓名	专业	性别	英语	高数	计算机	总分	平均分	总评
3	1	012013001	刘 毅	计算机应用	男	88	95	95			
4	2	012013002	占 杰	信息技术	男	55	65	87			
5	3	012013003	汪阳阳	网络工程	男	71	70	84			
6	4	012013004	左子玉	网络工程	女	80	84	88			
7	5	012013005	刘淇淇	信息技术	女	75	52	86			
8	6	012013006	周 畅	计算机应用	男	78	88	73			
9	7	012013007	韦晓芸	计算机应用	女	54	90	72			
10	8	012013008	刘小美	计算机应用	男	55	65	55			
11	9	012013009	黄小龙	信息技术	男	50	65	56			
12	10	012013010	黄小芳	信息技术	女	80	84	88			
13	11	012013011	张 军	网络工程	男	75	86	77			
14	12	012013012	李 浩	网络工程	男	90	52	86			
15	13	012013013	王 涛	信息技术	女	84	80	52			
16	14	012013014	王大山	计算机应用	男	76	60	80			
17	15	012013015	周志祥	计算机应用	男	69	78	60			
18			单科最高分								
19			单科最低分								
20			单科平均分								
21			人 数								

图 4-35　选定单元格区域

② 单击【公式】|【函数库】组|【自动求和】按钮Σ，如图 4-36 所示，则可以计算出所有同学的总分，如图 4-37 所示。

图 4-36　【自动求和】按钮

3. 使用 AVERAGE 函数计算平均分

操作提要：

① 单击 J3 单元格。

② 单击编辑栏上的【插入函数】按钮 f_x。在单元格中或编辑栏中将自动显示等号（=），并打开【插入函数】对话框，选择“AVERAGE”函数，如图 4-38 所示。

③ 单击【确定】按钮，打开【函数参数】对话框。单击 Number1 F3:H3 栏的数据拾取按钮，用鼠标拖动选取相应的单元格区域F3:H3，Excel 会自动将它们添加到参数的位置上。如图 4-39 所示。

④ 单击按钮，返回如图 4-40 所示对话框，单击【确定】按钮，函数运算结果显示在单元格 J3 中。

⑤ 使用填充柄完成其他学生的平均分计算。

	A	B	C	D	E	F	G	H	I	J	K
1	学生成绩表										
2	序号	学号	姓名	专业	性别	英语	高数	计算机	总分	平均分	总评
3	1	012013001	刘　毅	计算机应用	男	88	95	95	278		
4	2	012013002	占　杰	信息技术	男	55	65	87	207		
5	3	012013003	汪阳阳	网络工程	男	71	70	84	225		
6	4	012013004	左子玉	网络工程	女	80	84	88	252		
7	5	012013005	刘淇淇	信息技术	女	75	52	86	213		
8	6	012013006	周　畅	计算机应用	男	78	88	73	239		
9	7	012013007	韦晓芸	计算机应用	女	54	90	72	216		
10	8	012013008	刘小美	计算机应用	男	55	65	55	175		
11	9	012013009	黄小龙	信息技术	男	50	65	56	171		
12	10	012013010	黄小芳	信息技术	女	80	84	88	252		
13	11	012013011	张　军	网络工程	男	75	86	77	238		
14	12	012013012	季　浩	网络工程	男	90	52	86	228		
15	13	012013013	王　涛	信息技术	女	84	80	52	216		
16	14	012013014	王大山	计算机应用	男	76	60	80	216		
17	15	012013015	周志祥	计算机应用	男	69	78	60	207		
18			单科最高分								
19			单科最低分								
20			单科平均分								

图 4-37　自动求和

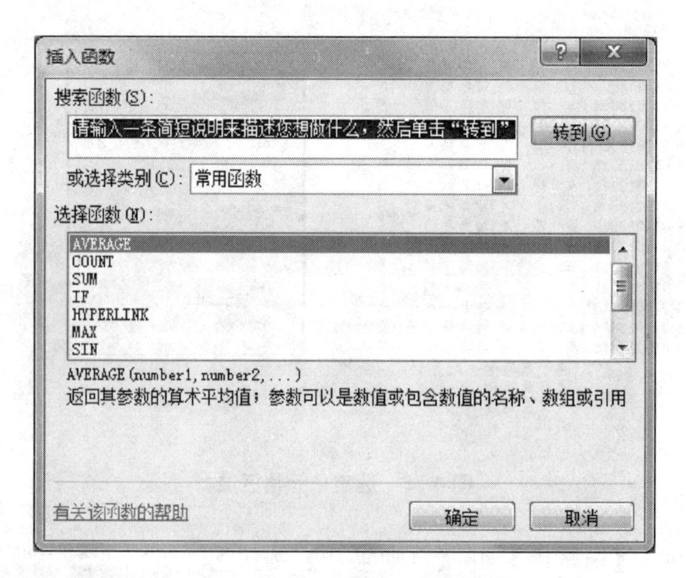

图 4-38 【插入函数】对话框

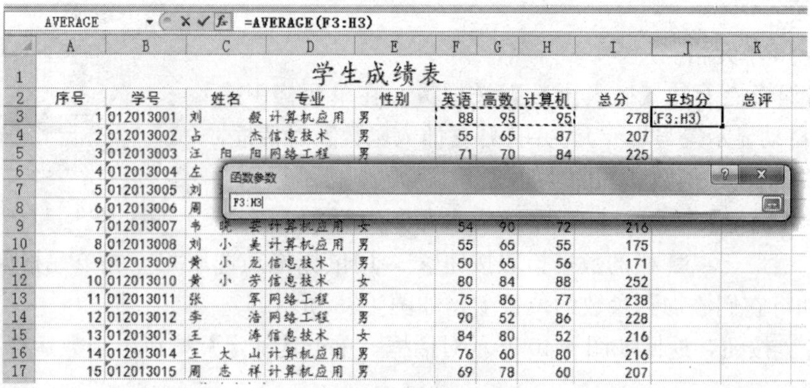

AVERAGE　=AVERAGE(F3:H3)

	A	B	C	D	E	F	G	H	I	J	K
1	学生成绩表										
2	序号	学号	姓名	专业	性别	英语	高数	计算机	总分	平均分	总评
3	1	012013001	刘　毅	计算机应用	男	88	95	95	278	(F3:H3)	
4	2	012013002	占　杰	信息技术	男	55	65	87	207		
5	3	012013003	汪阳阳	网络工程	男	71	70	84	225		
6	4	012013004	左								
7	5	012013005	刘								
8	6	012013006	周								
9	7	012013007	韦晓芸	计算机应用	女	54	90	72	216		
10	8	012013008	刘小美	计算机应用	男	55	65	55	175		
11	9	012013009	黄小龙	信息技术	男	50	65	56	171		
12	10	012013010	黄小芳	信息技术	女	80	84	88	252		
13	11	012013011	张　军	网络工程	男	75	86	77	238		
14	12	012013012	季　浩	网络工程	男	90	52	86	228		
15	13	012013013	王　涛	信息技术	女	84	80	52	216		
16	14	012013014	王大山	计算机应用	男	76	60	80	216		
17	15	012013015	周志祥	计算机应用	男	69	78	60	207		

函数参数
F3:H3

图 4-39　设置函数参数

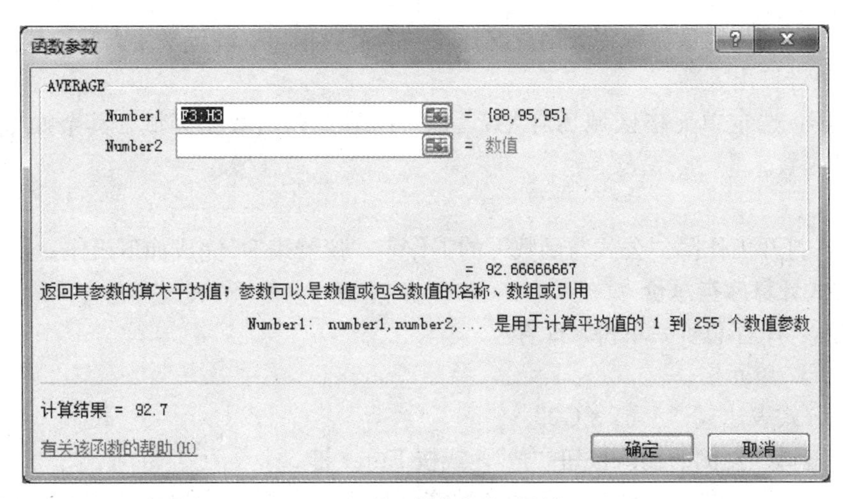

图 4-40　【函数参数】对话框

4. 使用 IF 函数求总评

利用 IF 函数判定当平均分小于 60 分时总评为“不合格”，否则总评为“合格”。

操作提要：

① 单击 K3 单元格。

② 单击【插入函数】按钮，打开【插入函数】对话框，选择“IF”函数。

③ 在【函数参数】对话框中，在“Logical _ test”栏输入：J3<60，在“Value _ if _ true”栏输入：“不合格”，在“Value _ if _ false”栏输入：“合格”。设置如图 4-41 所示。

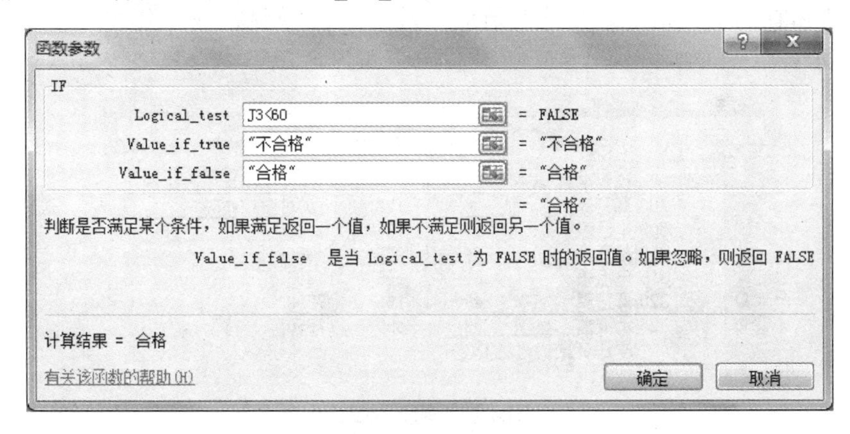

图 4-41　IF 函数的参数设置

④ 单击【确定】按钮。使用填充柄完成其他学生的总评计算。

5. 使用 MAX 函数求单科最高分

操作提要：利用最大值函数 MAX 完成计算。类似上述 AVERAGE 函数操作，不再赘述。

6. 使用 MIN 函数求单科最低分

操作提要：利用最小值函数 MIN 完成计算。类似上述 AVERAGE 函数操作，不再赘述。

7. 使用 AVERAGE 函数计算单科平均分

操作提要：与上述 AVERAGE 函数操作同，不再赘述。

8. 使用 COUNT 函数求成绩表总人数

分析：COUNT 函数的作用是计算参数表中的数值参数和包含数值的单元格的个数。此表格的“序号”列为数值型数据，因此统计序号的个数相当于统计学生人数，从而可以利用COUNT 函数计算出人数。

操作提要： 选定单元格区域 A3:A17，即“序号”列的数据区域。其余操作类同上述AVERAGE 函数。

任务二： 打开工作簿“公式与函数”的工作表“仪器表”，完成如下操作。

1. 用公式计算库存总价

操作提示：库存总价＝单价×库存

① 单击 H2 单元格。

② 输入公式表达式“＝F2 * G2”。

③ 单击编辑栏左侧的输入按钮“✓”，或按 Enter 键。

④ 将鼠标移到 H2 单元格右下角的“填充柄”上，鼠标变为黑色的实心“＋”型，按住鼠标左键拖动到 H7 单元格，释放鼠标，则完成其他产品库存总价的计算。

2. 用公式计算库存总量

操作提要：

选定单元格区域 F2:F8，利用【自动求和】按钮求出库存总量。

3. 用公式计算库存量所占比例，并以百分比格式（保留 1 位小数）显示

操作提要： 库存量所占比例＝库存÷库存总量

① 注意到在计算过程中，我们要求库存总量的数据所在的单元格地址恒定是 F8，即库存总量的数据所在的单元格地址是绝对地址，因而在 I2 单元格输入公式“＝F2/＄F＄8”，如图 4-42 所示。

IF　× ✓ fx　=F2/$F$8

	A	B	F	G	H	I
1	仪器编号	仪器名称	库存	单价	库存总价	库存量所占比例
2	300	真空计	6	175	1050	=F2/$F$8
3	305	电压表	16	185	2960	
4	310	抽气机	54	275	14850	
5	315	电流表	61	195	11895	
6	320	真空罩	46	165	7590	
7	325	示波器	39	450	17550	
8		库存总量	222			
9						

图 4-42　输入公式

② 单击编辑栏左侧的输入按钮“✓”，或按 Enter 键。

③ 利用“填充柄”完成其他库存量所占比例的计算。如图 4-43 所示。

I2　fx　=F2/$F$8

	A	B	F	G	H	I
1	仪器编号	仪器名称	库存	单价	库存总价	库存量所占比例
2	300	真空计	6	175	1050	0.027027027
3	305	电压表	16	185	2960	0.072072072
4	310	抽气机	54	275	14850	0.243243243
5	315	电流表	61	195	11895	0.274774775
6	320	真空罩	46	165	7590	0.207207207
7	325	示波器	39	450	17550	0.175675676
8		库存总量	222			
9						

图 4-43　自动填充

④ 单击【开始】【数字】功能组中右下角的箭头按钮，设置【设置单元格格式】对话框|【数字】选项卡，选择“百分比”，小数位数为“2”。如图 4-44 所示。效果如图 4-45 所示。

图 4-44　设置百分比格式

	A	B	F	G	H	I
1	仪器编号	仪器名称	库存	单价	库存总价	库存量所占比例
2	300	真空计	6	175	1050	2.70%
3	305	电压表	16	185	2960	7.21%
4	310	抽气机	54	275	14850	24.32%
5	315	电流表	61	195	11895	27.48%
6	320	真空罩	46	165	7590	20.72%
7	325	示波器	39	450	17550	17.57%
8		库存总量	222			
9						

图 4-45　效果图

四、练习

打开工作簿“公式与函数”的工作表“工资表”，用公式与函数计算应发工资、实发工资、小计、平均值。如图 4-46 所示。

	A	B	C	D	E	F	G	H	I	J
1	职工号	姓名	性别	部门	基本工资	职务工资	奖金	水电费	应发工资	实发工资
2	001	王东	男	一系	1800	1500	550	210		
3	002	李娜	女	二系	1600	1300	400	108		
4	003	郑明明	男	三系	2000	1800	790	280		
5	004	刘磊	男	三系	1500	1200	450	96		
6	005	陈丽	女	一系	2000	1900	800	185		
7	006	张松	女	二系	1600	1300	470	127		
8	007	黄鸿宇	男	三系	1000	800	350	155		
9		小计								
10		平均值								

图 4-46　用公式与函数计算

（说明：应发工资＝基本工资＋职务工资＋奖金；实发工资＝基本工资＋职务工资＋奖

金一水电费；小计为各列总和，平均值为各列数据平均值。）

实验 4　数据管理与分析

一、实验目的

◆ 掌握 Excel 工作表中数据的排序方法。
◆ 掌握 Excel 工作表中数据的筛选方法。
◆ 掌握 Excel 工作表中数据的分类汇总方法。

二、预备知识

1. 数据清单

数据清单又称数据列表，是由工作表单元格构成的矩形区域，即一张二维表。其特点如下：

与数据库对应，二维表中一列为一个字段，一行为一个记录，第一行为表头，表头由若干个字段名组成。字段名一般是字段内容的概括和说明。数据由若干列组成，每列有一个列标题，相当于数据库的字段名。特别要注意的是，每个字段名称应该是唯一的，且数据列表的记录也应该是唯一的。

2. 简单排序

简单排序是指单一字段按升序或降序排列。可以通过两种方法实现。

① 单击要进行排序字段的任一个单元格。

② **方法 1**：单击【开始】|【编辑】组|【排序和筛选】按钮，

方法 2：单击【数据】|【排序和筛选】组|【升序】或【降序】按钮即可。

3. 复杂排序

多关键字复杂排序的操作方法如下：

① 在需要排序的数据表中，单击任意单元格。

② **方法 1**：单击【开始】|【编辑】组|【排序和筛选】按钮，在下拉菜单中选择【自定义排序】。

方法 2：单击【数据】|【排序和筛选】组|【排序按钮】。

③ 在出现的【排序】对话框中，在【主要关键字】下拉列表框中选择排序字段，在【次序】选择排序方式。

④ 单击【添加条件】按钮。

⑤ 在【次要关键字】下拉列表框中选择排序字段和选择【次序】。

⑥ 如要继续设定排序条件，继续单击【添加条件】。

⑦ 单击【确定】按钮。

4. 数据筛选

数据筛选是将数据清单中满足条件的数据显示，不满足条件的记录暂时隐藏起来，当筛选条件被删除时，隐藏的数据又会恢复显示。

筛选有两种方式：自动筛选和高级筛选。

（1）自动筛选

操作步骤：

① 在需要筛选的数据区域中单击任意单元格。

② **方法 1：** 单击【开始】|【编辑】组|【排序和筛选】按钮。

方法 2： 单击【数据】|【排序和筛选】组|【筛选】按钮。

③ 单击要筛选数据列标题右侧的下三角按钮，在【文本筛选】区域中，选择需要筛选数据的复选框，单击【确定】按钮。

（2）高级筛选

高级筛选适合于复杂条件的筛选，可以使用两列或多于两列的条件，也可以使用单列中的多个条件，甚至计算结果也可以作为条件。“高级筛选”的结果可以放在原数据区，也可以复制到工作表的其他地方。

使用“高级筛选”的前提是，必须先建立一个“条件区域”。

条件区域包括两个部分：一是标题行（即字段名），标题行的字段名必须和数据表保持一致。二是 1 行或多行的条件行，当条件表达式放同一行上时，每个条件之间的关系为“逻辑与”，即需要所有条件同时成立；当条件表达式放不同行之间时，每个条件之间的关系为“逻辑或”，即多条件中只需一个条件成立即可。建立条件区的位置可以是数据列表以外的任何空白位置，但最好位于数据列表上方的前三行，以免影响数据的显示。

高级筛选具体操作步骤如下。

① 在数据列表以外的任何空白位置输入条件：分别输入标题行和条件行。

② 单击【数据】选项卡中【排序和筛选】组的【高级】按钮 高级，在【高级筛选】对话框中选择相应的列表区域和条件区域。

③ 最后选择【确定】按钮得到筛选结果。

（3）恢复原始数据

如果想恢复被隐藏的记录，可以单击已筛选列右侧的下三角按钮，然后从弹出的列表中选择【全选】选项。

如果要恢复工作表中的原始数据，则再次单击【数据】|【排序和筛选】组|【筛选】按钮，即可恢复工作表中的原始数据。

5. 分类汇总

分类汇总就是对数据清单按某个字段进行分类，将字段值相同的连续记录作为一类，进行求和、平均等汇总计算，并且针对同一个分类字段，可进行多种汇总。

特别注意的是，在分类汇总之前，必须要对分类的字段进行排序。

（1）简单汇总

简单汇总是对数据清单的一个字段统一做一种方式的汇总。操作步骤如下：

① 对分类字段进行排序。

② 单击【数据】选项卡中【分级显示】组的【分类汇总】按钮，在【分类汇总】对话框中进行相应的选择。

在默认的情况下，分类汇总之后数据会分三级显示，可以通过单击分级显示区上方的“123”三个按钮进行控制，单击“1”按钮，只显示列表中的列标题和总计结果；“2”按钮显示列标题、各个分类汇总结果和总计结果；“3”按钮显示所有的详细数据。

（2）嵌套汇总

嵌套汇总就是对同一字段进行多种方式的汇总。

在第一次分类汇总的基础上，再次进行分类汇总，此时在【分类汇总】对话框中【替换当前分类汇总】复选框不能选中，其他操作同简单分类汇总。

三、实验内容

任务一：打开工作簿“学生成绩表—数据管理与分析”，学生成绩表如图 4-47 所示，完成如下操作。

	A	B	C	D	E	F	G	H	I	J
1	序号	学号	姓名	专业	性别	英语	高数	计算机	总分	平均分
2	1	012013001	刘毅	计算机应用	男	88	95	95	278	92.7
3	2	012013002	占杰	信息技术	男	55	65	87	207	69.0
4	3	012013003	汪阳阳	网络工程	男	71	70	84	225	75.0
5	4	012013004	左子玉	网络工程	女	80	84	88	252	84.0
6	5	012013005	刘淇淇	信息技术	女	75	52	86	213	71.0
7	6	012013006	周畅	计算机应用	男	78	88	73	239	79.7
8	7	012013007	韦晓芸	计算机应用	女	54	90	72	216	72.0
9	8	012013008	刘小美	计算机应用	男	55	65	55	175	58.3
10	9	012013009	黄小龙	信息技术	男	50	65	56	171	57.0
11	10	012013010	黄小芳	信息技术	女	80	84	88	252	84.0
12	11	012013011	张军	网络工程	男	75	86	77	238	79.3
13	12	012013012	李浩	网络工程	男	90	52	86	228	76.0
14	13	012013013	王涛	信息技术	女	84	80	52	216	72.0
15	14	012013014	王大山	计算机应用	男	76	60	80	216	72.0
16	15	012013015	周志祥	计算机应用	男	69	78	60	207	69.0

图 4-47　学生成绩表

1. 对工作表“操作 1-2（排序）”中的数据按英语成绩降序进行排序

操作提要：

① 单击单元格区域 F2:F16 中任意一个单元格，即英语字段任一单元格；

② 单击【数据】|【排序和筛选】组|【降序】按钮即可。如图 4-48 所示。

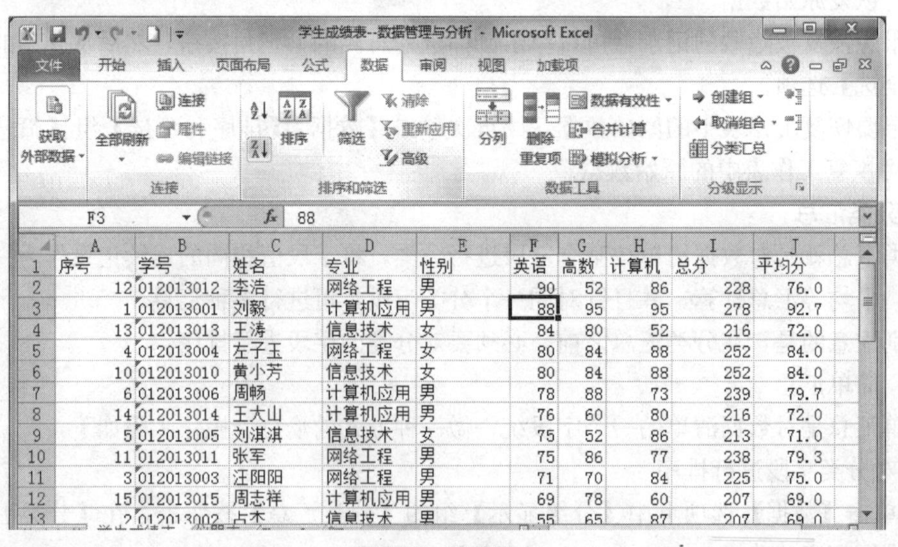

	A	B	C	D	E	F	G	H	I	J
1	序号	学号	姓名	专业	性别	英语	高数	计算机	总分	平均分
2	12	012013012	李浩	网络工程	男	90	52	86	228	76.0
3	1	012013001	刘毅	计算机应用	男	88	95	95	278	92.7
4	13	012013013	王涛	信息技术	女	84	80	52	216	72.0
5	4	012013004	左子玉	网络工程	女	80	84	88	252	84.0
6	10	012013010	黄小芳	信息技术	女	80	84	88	252	84.0
7	6	012013006	周畅	计算机应用	男	78	88	73	239	79.7
8	14	012013014	王大山	计算机应用	男	76	60	80	216	72.0
9	5	012013005	刘淇淇	信息技术	女	75	52	86	213	71.0
10	11	012013011	张军	网络工程	男	75	86	77	238	79.3
11	3	012013003	汪阳阳	网络工程	男	71	70	84	225	75.0
12	15	012013015	周志祥	计算机应用	男	69	78	60	207	69.0
13	2	012013002	占杰	信息技术	男	55	65	87	207	69.0

图 4-48　简单排序

2. 对工作表“操作 1-2（排序）”中的数据按总分降序进行排序，如总分相同，则按计算机成绩降序进行排序

操作提要：

① 在数据表中，单击任意单元格。

② 单击【数据】|【排序和筛选】组|【排序按钮】。

③ 设置主要关键字：在出现的【排序】对话框中，单击【主要关键字】下拉列表框中选择“总分”，在【次序】下拉列表框中选择“降序”。

④ 设置次要关键字：单击【添加条件】按钮；在【次要关键字】下拉列表框中选择“计算机”，选择【次序】为“降序”。如图 4-49 所示。

图 4-49　【排序】对话框

⑤ 单击【确定】按钮。

3. 在工作表“操作 3”中，将专业是“计算机应用”的记录全部显示出来

操作提要：

① 在需要筛选的数据区域中单击任意单元格。

② 单击【数据】|【排序和筛选】组|【筛选】按钮，这时，工作表中的每一列标题右侧都会出现下三角按钮，如图 4-50 所示。

	A	B	C	D	E	F	G	H	I	J
1	序号	学号	姓名	专业	性别	英i	高数	计算机	总分	平均分
2	1	012013001	刘毅	计算机应用	男	88	95	95	278	92.7
3	4	012013004	左子玉	网络工程	女	80	84	88	252	84.0
4	10	012013010	黄小芳	信息技术	女	80	84	88	252	84.0
5	6	012013006	周畅	计算机应用	男	78	88	73	239	79.7
6	11	012013011	张军	网络工程	男	75	86	77	238	79.3
7	12	012013012	李浩	网络工程	男	90	52	86	228	76.0
8	3	012013003	汪阳阳	网络工程	男	71	70	84	225	75.0
9	14	012013014	王大山	计算机应用	男	76	60	80	216	72.0
10	7	012013007	韦晓芸	计算机应用	女	54	90	72	216	72.0
11	13	012013013	王涛	信息技术	女	84	80	52	216	72.0
12	5	012013005	刘淇淇	信息技术	女	75	52	86	213	71.0
13	2	012013002	占杰	信息技术	男	55	65	87	207	69.0
14	15	012013015	周志祥	计算机应用	男	69	78	60	207	69.0
15	8	012013008	刘小美	计算机应用	男	55	65	55	175	58.3
16	9	012013009	黄小龙	信息技术	男	50	65	56	171	57.0
17										

图 4-50　选择【自动筛选】命令后的工作表

③ 单击“专业”列右侧的下三角按钮，从弹出的列表中选择“计算机应用”的复选框，单击【确定】按钮。如图 4-51 所示。

筛选结果如图 4-52 所示。

如果想恢复被隐藏的记录，则单击已筛选列右侧的下三角按钮，从弹出的列表中选择【全选】选项。如果要恢复工作表中的原始数据，则再次单击【数据】|【排序和筛选】组|【筛选】按钮，即可恢复工作表中的原始数据。

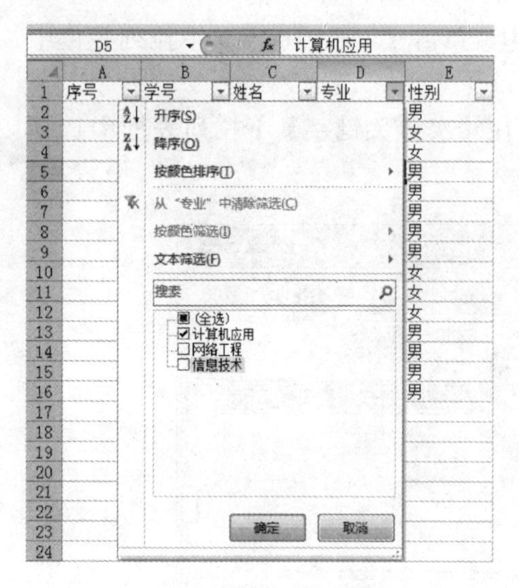

图 4-51　自动筛选的下拉列表

4. 在工作表"操作 4"中，将"计算机"成绩在［80，90）区间范围的记录全部显示出来

即显示计算机成绩大于等于 80 且小于 90 的记录。

操作提要：

① 在需要筛选的数据区域中单击任意单元格。

② 单击【数据】|【排序和筛选】组|【筛选】按钮。

③ 单击"计算机"列右侧的下三角按钮，在弹出的列表中选择【数字筛选】命令|【大于或等于】命令。如图 4-53 所示。

④ 在弹出的【自定义自动筛选方式】对话框中，在【计算机】下拉列表中选择"大于或等于"，在右边的列表框输入"80"；选择"与"单选按钮；再选择"小于"，输入"90"。如图 4-54 所示。单击【确定】按钮。

	A	B	C	D	E	F	G	H	I	J
1	序号	学号	姓名	专业	性别	英语	高数	计算机	总分	平均分
2	1	012013001	刘毅	计算机应用	男	88	95	95	278	92.7
5	6	012013006	周畅	计算机应用	男	78	88	73	239	79.7
9	14	012013014	王大山	计算机应用	男	76	60	80	216	72.0
10	7	012013007	韦晓芸	计算机应用	女	54	90	72	216	72.0
14	15	012013015	周志祥	计算机应用	男	69	78	60	207	69.0
15	8	012013008	刘小美	计算机应用	男	55	65	55	175	58.3

图 4-52　筛选结果

筛选结果如图 4-55 所示。

5. 在工作表"操作 5"中，将"计算机"成绩大于 80 的网络工程的男生记录全部显示出来

分析：此题涉及"计算机"、"专业"、"性别"三个字段的多条件的筛选。如果所有条件之间是逻辑与的关系（即所有条件须同时成立），可用多次自动筛选和高级筛选这两种方法来实现。下面用多次自动筛选完成操作。

操作提要：

① 在需要筛选的数据区域中单击任意单元格。

② 单击【数据】|【排序和筛选】组|【筛选】按钮。

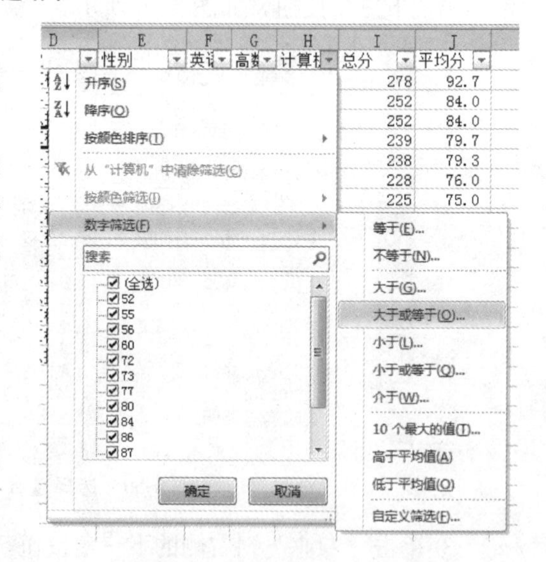

图 4-53　自动筛选的下拉列表

③单击"计算机"列右侧的下三角按钮，在弹出的列表中选择【数字筛选】命令|【大于】命令，在弹出的【自定义自动筛选方式】对话框中，选择"大于"，输入"80"，如图 4-56 所示设置。单击【确定】按钮。

④ 单击"专业"列右侧的下三角按钮，在下拉列表中选择【网络工程】复选框，如图 4-57所示设置。单击【确定】按钮。

图 4-54　设置筛选条件

	A	B	C	D	E	F	G	H	I	J
1	序号	学号	姓名	专业	性别	英语	高数	计算机	总分	平均分
3	4	012013004	左子玉	网络工程	女	80	84	88	252	84.0
4	10	012013010	黄小芳	信息技术	女	80	84	88	252	84.0
7	12	012013012	李浩	网络工程	男	90	52	86	228	76.0
8	3	012013003	汪阳阳	网络工程	男	71	70	84	225	75.0
9	14	012013014	王大山	计算机应用	男	76	60	80	216	72.0
12	5	012013005	刘淇淇	信息技术	女	75	52	86	213	71.0
13	2	012013002	占杰	信息技术	男	55	65	87	207	69.0
17										

图 4-55　筛选结果

图 4-56　设置第一个筛选条件

⑤ 单击“性别”列右侧的下三角按钮，在下拉列表中选择【男】复选框，如图 4-58 所示设置。单击【确定】按钮。

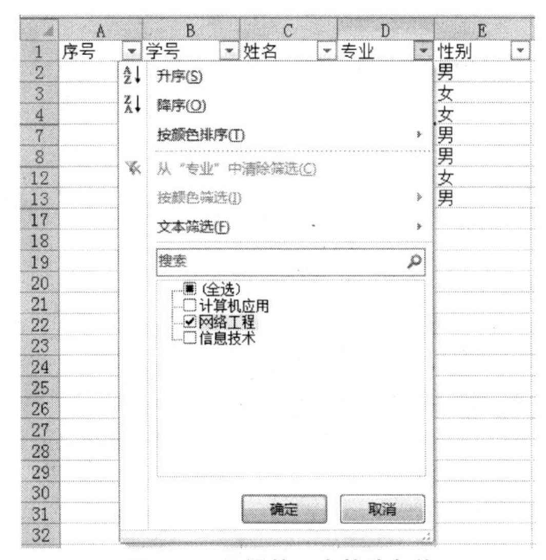

图 4-57　设置第二个筛选条件

图 4-58　设置第三个筛选条件

筛选结果如图 4-59 所示。

	A	B	C	D	E	F	G	H	I	J
1	序号	学号	姓名	专业	性别	英语	高数	计算机	总分	平均分
7	12	012013012	李浩	网络工程	男	90	52	86	228	76.0
8	3	012013003	汪阳阳	网络工程	男	71	70	84	225	75.0
17										

图 4-59　筛选结果

6. 在工作表“操作 6”中，将“高数”成绩大于 90，或“专业”是网络工程的男生记录全部显示出来

分析：此题涉及“高数”、“专业”、“性别”三个字段的多条件的筛选，但多条件之间既有逻辑与的关系，也有逻辑或的关系，此时只能用高级筛选的方法来实现。

操作提要：

① 在数据列表的上方插入三个空行，构造条件区域：右击列号“1”，在快捷菜单中选择【插入】命令，即可在数据列表上方插入一个空行，如此操作插入三个空行。

② 输入条件：如图 4-60 所示。

	A	B	C	D	E	F	G	H	I	J
1				专业	性别		高数			
2							>90			
3				网络工程	男					
4	序号	学号	姓名	专业	性别	英语	高数	计算机	总分	平均分
5	1	012013001	刘毅	计算机应用	男	88	95	95	278	92.7
6	2	012013002	占杰	信息技术	男	55	65	87	207	69.0
7	3	012013003	汪阳阳	网络工程	男	71	70			75.0
8	4	012013004	左子玉	网络工程	女	80	84			84.0
9	5	012013005	刘淇淇	信息技术	女	75	52	86	213	71.0
10	6	012013006	周畅	计算机应用	男	78	88	73	239	79.7
11	7	012013007	韦晓芸	计算机应用	女	54	90	72	216	72.0

条件

图 4-60　构造条件区域

③ 单击【数据】|【排序和筛选】组|【高级】按钮 高级，在【高级筛选】对话框中，用鼠标拖动选择相应的列表区域（如图 4-61 所示），再选择条件区域（如图 4-62 所示）。

	A	B	C	D	E	F	G	H	I	J	K
1				专业	性别		高数				
2							>90				
3				网络工程	男						
4	序号	学号	姓名	专业	性别	英语	高数	计算机	总分	平均分	
5	1	012013001	刘毅	计算机应用	男	88	95	95	278	92.7	
6	2	012013002	占杰	信息技术	男	55	65	87	207	69.0	
7	3	012013003	汪阳阳	网络工程	男	71	70	84	225	75.0	
8	4	012013004	左子玉	网络工程	女	80	84	88	252	84.0	
9	5	012013005	刘淇淇	信息技术	女	75	52	86	213	71.0	
10	6	012013006	周畅	计算机应用	男	78	88	73	239	79.7	
11	7	012013007	韦晓芸	计算机应用	女	54	90	72	216	72.0	
12	8	012013008	刘小美	计算机应用	男					58.3	
13	9	012013009	黄小龙	信息技术	男					57.0	
14	10	012013010	黄小芳	信息技术	女					84.0	
15	11	012013011	张军	网络工程	男					79.3	
16	12	012013012	李浩	网络工程	男	90	52	86	228	76.0	
17	13	012013013	王涛	信息技术	女	84	80	52	216	72.0	
18	14	012013014	王大山	计算机应用	男	76	60	80	216	72.0	
19	15	012013015	周志祥	计算机应用	男	69	78	60	207	69.0	
20											
21											

高级筛选 - 列表区域:

学生成绩表!$A$4:$J$19

图 4-61　选定列表区域

	A	B	C	D	E	F	G	H	I	J	K
1				专业	性别		高数				
2							>90				
3				网络工程	男						
4	序号	学号	姓名	专业	性别	英语	高数	计算机	总分	平均分	
5	1	012013001	刘毅	计算机应用	男	88	95	95	278	92.7	
6	2	012013002	占杰	信息技术	男	55	65	87	207	69.0	
7	3	012013003	汪阳阳	网络工程	男	71	70	84	225	75.0	
8	4	012013004	左子玉	网络工程	女	80	84	88	252	84.0	
9	5	012013005	刘淇淇	信息技术	女	75	52	86	213	71.0	
10	6	012013006	周畅	计算机应用	男	78	88	73	239	79.7	
11	7	012013007	韦晓芸	计算机应用	女	54	90	72	216	72.0	
12	8	012013008	刘小美	计算机应用	男	[illegible]	[illegible]	[illegible]	[illegible]	58.3	
13	9	012013009	黄小龙	信息技术	男	[illegible]	[illegible]	[illegible]	[illegible]	57.0	
14	10	012013010	黄小芳	信息技术	女	[illegible]	[illegible]	[illegible]	[illegible]	84.0	
15	11	012013011	张军	网络工程	男	[illegible]	[illegible]	[illegible]	[illegible]	79.3	
16	12	012013012	李浩	网络工程	男	90	52	86	228	76.0	
17	13	012013013	王涛	信息技术	女	84	80	52	216	72.0	
18	14	012013014	王大山	计算机应用	男	76	60	80	216	72.0	
19	15	012013015	周志祥	计算机应用	男	69	78	60	207	69.0	
20											
21											

高级筛选 - 条件区域:
$D$1:$G$3

图 4-62　选定条件区域

④ 返回【高级筛选】对话框，单击【确定】按钮。如图 4-63所示。

图 4-63　【高级筛选】对话框

筛选结果如图 4-64 所示。

任务二：打开工作簿“学生成绩表—数据管理与分析”的“分类汇总”工作表，完成如下操作：按“性别”汇总男、女各科成绩的平均值；按“性别”汇总男、女各科成绩的平均值，以及统计男女生的人数。

1. 按“性别”汇总男、女各科成绩的平均值

分析：分类字段为“性别”，因此要先对“性别”字段排序；汇总方式为“平均值”；汇总项为字段“英语”、“高数”、“计算机”。

	A	B	C	D	E	F	G	H	I	J	K
1				专业	性别		高数				
2							>90				
3				网络工程	男						
4	序号	学号	姓名	专业	性别	英语	高数	计算机	总分	平均分	
5	1	012013001	刘毅	计算机应用	男	88	95	95	278	92.7	
7	3	012013003	汪阳阳	网络工程	男	71	70	84	225	75.0	
15	11	012013011	张军	网络工程	男	75	86	77	238	79.3	
16	12	012013012	李浩	网络工程	男	90	52	86	228	76.0	
20											

图 4-64　高级筛选结果

操作提要：

① 打开工作表。

② 单击“性别”字段的任一单元格，单击【数据】|【排序和筛选】组|【升序】或【降序】按钮进行升序或降序排序。

③ 单击【数据】|【分级显示】组|【分类汇总】按钮，在【分类汇总】对话框中，设置【分类字段】选择“性别”，【汇总方式】选择“平均值”，汇总项选择字段“英语”、“高数”、“计算机”，如图 4-65 所示。

分类汇总后的结果如图 4-66 所示。

2. 按“性别”汇总男、女各科成绩的平均值，以及统计男女生的人数

分析：此题为嵌套汇总，是在按“性别”汇总男、女各科成绩的平均值（即在上一题操作）的基础上，还要统计男女生的人数，则可在上一题的结果中再次进行分类汇总。此时在【分类汇总】对话框中【替换当前分类汇总】复选框不能选中。

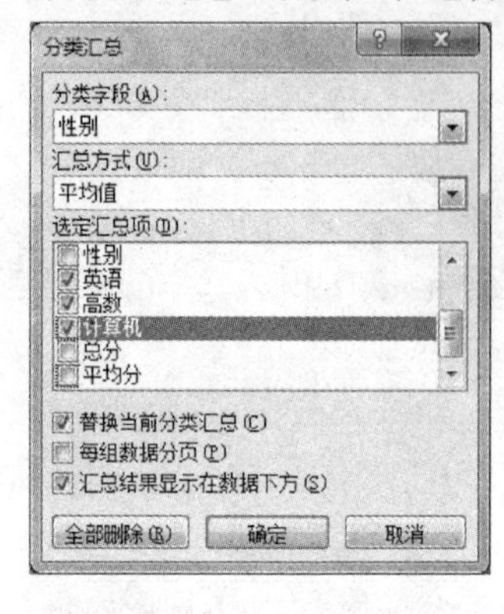

图 4-65　设置分类汇总

	A	B	C	D	E	F	G	H	I	J
1	序号	学号	姓名	专业	性别	英语	高数	计算机	总分	平均分
2	1	012013001	刘毅	计算机应用	男	88	95	95	278	92.7
3	2	012013002	占杰	信息技术	男	55	65	87	207	69.0
4	3	012013003	汪阳阳	网络工程	男	71	70	84	225	75.0
5	6	012013006	周畅	计算机应用	男	78	88	73	239	79.7
6	8	012013008	刘小美	计算机应用	男	55	65	55	175	58.3
7	9	012013009	黄小龙	信息技术	男	50	65	56	171	57.0
8	11	012013011	张军	网络工程	男	75	86	77	238	79.3
9	12	012013012	李浩	网络工程	男	90	52	86	228	76.0
10	14	012013014	王大山	计算机应用	男	76	60	80	216	72.0
11	15	012013015	周志祥	计算机应用	男	69	78	60	207	69.0
12					男 平均值	70.7	72.4	75.3		
13	4	012013004	左子玉	网络工程	女	80	84	88	252	84.0
14	5	012013005	刘淇淇	信息技术	女	75	52	86	213	71.0
15	7	012013007	韦晓芸	计算机应用	女	54	90	72	216	72.0
16	10	012013010	黄小芳	信息技术	女	80	84	88	252	84.0
17	13	012013013	王涛	信息技术	女	84	80	52	216	72.0
18					女 平均值	74.6	78	77.2		
19					总计平均值	72	74.3	75.933		
20										

图 4-66　分类汇总结果

操作提要：

在上一题的分类汇总结果中，再次单击【数据】|【分级显示】组|【分类汇总】按钮，在【分类汇总】对话框中，【汇总方式】选择“计数”，汇总项选择字段“姓名”，如图 4-67 所示，汇总结果如图 4-68 所示。

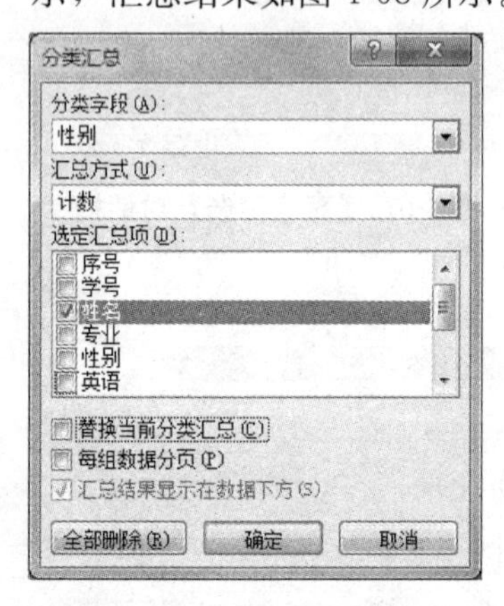

图 4-67　设置嵌套汇总

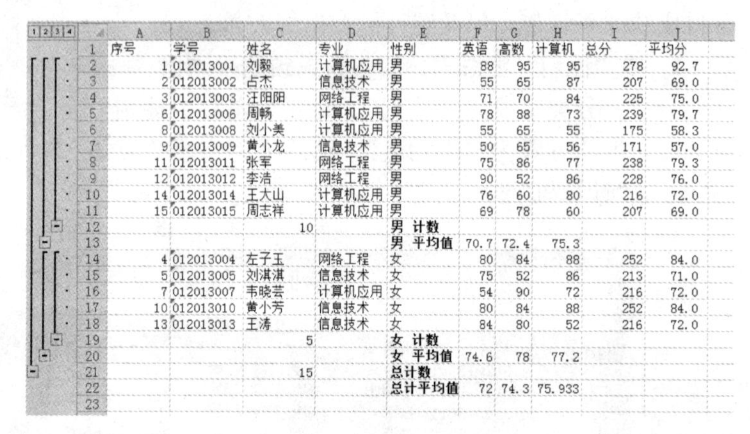

	A	B	C	D	E	F	G	H	I	J
1	序号	学号	姓名	专业	性别	英语	高数	计算机	总分	平均分
2	1	012013001	刘毅	计算机应用	男	88	95	95	278	92.7
3	2	012013002	占杰	信息技术	男	55	65	87	207	69.0
4	3	012013003	汪阳阳	网络工程	男	71	70	84	225	75.0
5	6	012013006	周畅	计算机应用	男	78	88	73	239	79.7
6	8	012013008	刘小美	计算机应用	男	55	65	55	175	58.3
7	9	012013009	黄小龙	信息技术	男	50	65	56	171	57.0
8	11	012013011	张军	网络工程	男	75	86	77	238	79.3
9	12	012013012	李浩	网络工程	男	90	52	86	228	76.0
10	14	012013014	王大山	计算机应用	男	76	60	80	216	72.0
11	15	012013015	周志祥	计算机应用	男	69	78	60	207	69.0
12			10		男 计数					
13					男 平均值	70.7	72.4	75.3		
14	4	012013004	左子玉	网络工程	女	80	84	88	252	84.0
15	5	012013005	刘淇淇	信息技术	女	75	52	86	213	71.0
16	7	012013007	韦晓芸	计算机应用	女	54	90	72	216	72.0
17	10	012013010	黄小芳	信息技术	女	80	84	88	252	84.0
18	13	012013013	王涛	信息技术	女	84	80	52	216	72.0
19			5		女 计数					
20					女 平均值	74.6	78	77.2		
21			15		总计数					
22					总计平均值	72	74.3	75.933		
23										

图 4-68　嵌套汇总结果

四、练习

在图 4-69“信息表”中，分别实现如下操作：

1. 按高考成绩降序进行排序。
2. 筛选专业为“英语”的记录。
3. 取消上述筛选。筛选高考分数大于 550 且小于 610 的记录。
4. 取消上述筛选。筛选专业为“英语”和“工商管理”的记录。
5. 取消上述筛选。筛选符合如下条件的记录：

　　“高考分数”为 610 以上，或者“专业”是“汉语言”的男同学。

6. 取消上述筛选。按“专业”汇总各专业的高考平均分。

	A	B	C	D	E	F	G	H	I	J
1	学号	姓名	性别	专业	出生年月	籍贯	电话号码	高考分数	实验班	
2	020131	王小芳	男	工商管理	1975/9/1	湖北宜昌	85642364	611		
3	020132	李彩虹	男	工商管理	1975/5/6	山东济南	63242344	589		
4	020133	曾东东	男	汉语言	1974/10/12	广西柳江	64353215	606		
5	020134	韦思状	男	农学	1990/2/21	湖南衡山	66230493	540		
6	020135	梁敏捷	男	农学	1990/4/8	广西都安	66734324	551		
7	020136	黄大海	男	土木工程	1974/12/11	新疆哈密	66123450	605		
8	020137	蓝和海	男	土木工程	1975/6/8	青海西宁	64545435	630		
9	020138	周健康	男	英语	1976/10/18	云南丽江	84351543	590		
10	020139	李平	女	工商管理	1975/5/1	贵州遵义	64543534	605		
11	020140	王玉	女	工商管理	1989/10/19	天津	67090233	601		
12	020141	韦伟	女	汉语言	1990/3/11	江西南昌	87304903	595		
13	020142	林小洁	女	农学	1975/11/11	广西博白	64354354	538		
14	020143	吴华	女	土木工程	1989/9/2	广西来宾	66180819	620		
15	020144	韩思瑶	女	英语	1974/10/5	广西来宾	63334325	587		
16	020145	周云	女	英语	1976/10/14	湖南湘潭	84354354	582		
17										

图 4-69

实验 5　图表

一、实验目的

◆ 掌握 Excel 中创建图表的方法。

◆ 掌握 Excel 中图表编辑的基本方法。

二、预备知识

1. 建立图表一般有以下步骤

① 阅读、分析要建立图表的工作表数据，找出“比较”项。

② 通过【插入】|【图表】功能区命令按钮创建图表。

③ 选择合适的图表类型。

④ 最后对建立的图表通过【图表工具】进行编辑和格式化。

2. 数据创建图表的方法

① 选择准备创建图表的数据区域。

② 切换到【插入】选项卡。

③ 在【图表】组中选择准备创建的图表类型。

④ 在弹出的柱形图样式库中选择某一图表样式。

无论使用哪种创建方式，都可以创建两种图表：嵌入式图表和图表工作表。

• 嵌入式图表是置于工作表中而不是单独的图表工作表。当需要在一个工作表中查看或打印图表、数据透视图、源数据或其他信息时，可以使用嵌入式图表。

• 图表工作表是单独一个只包含图表的工作表。当希望单独查看图表或数据透视图时，图表工作表非常有用。

3. 编辑图表

使用【设计】选项卡，可以按行或按列显示数据系列、更改图表的源数据、更改图表的位置、更改图表类型、将图表保存为模板等。

使用【布局】选项卡，可以更改图表元素（如添加图表标题和数据标签）的显示，使用绘图工具或在图表上添加文本框和图片。

使用【格式】选项卡，可以添加填充颜色、更改线型或应用特殊效果。

（1）更改图表类型

方法：单击【设计】|【类型】组|【更改图表类型】按钮，选择要使用的图表类型。

（2）更改图表位置

方法：单击【设计】|【位置】组|【移动图表】按钮，选择新工作表或者嵌入式图表。

（3）切换图表的行/列

方法：单击【设计】|【数据】组|【切换行/列】按钮。

（4）设置图表标题

方法：单击【布局】|【标签】组|【图表标题】按钮，输入和编辑标题。

（5）设置坐标轴标题

方法：单击【布局】|【标签】组|【坐标轴标题】按钮，输入和编辑标题。

（6）设置图表的数据标签

方法：单击【布局】|【标签】组|【数据标签】按钮，设置有关参数。

（7）在图表中显示数据表

方法：单击【布局】|【标签】组|【模拟运算表】按钮|【显示模拟运算】命令。

当创建了图表后，图表和创建图表的工作表的数据区域之间建立了联系，当工作表中的数据发生了变化，图表中的对应数据也自动更新。

• 删除数据系列：选定所需删除的数据系列，按〈Del〉键即可将整个数据系列从图表中删除，但这不影响工作表中的数据。若删除工作表中的数据，则图表中对应的数据系列也随之删除。

• 向图表添加数据系列：向图表添加数据系列可通过【设计】选项卡的【选择数据】命令来完成。

三、实验内容

任务一：打开“图表”工作簿，在“学生成绩表”工作表中（如图 4-70 所示），建立如图 4-71所示的各同学“建筑学”、“摄影基础”成绩的三维簇状柱形图，并嵌入本工作表中。

	A	B	C	D	E	F	G	H
1	姓名	性别	建筑学	力学	摄影基础	测量学	总分	
2	陈锋	男	81	63	51	67	262	
3	张莉莉	女	75	81	76	55	287	
4	刘成	男	53	67	63	63	246	
5	孙红	女	90	59	81	78	308	
6	刘小美	女	45	69	45	70	229	
7								

图 4-70　学生成绩表

1. 创建图表

操作提要：

① 选择创建图表的数据区域 A1：A6，C1：C6，E1：E6。

提示：当图表数据处于不连续的单元格区域时，需要〈Ctrl〉＋鼠标拖动。

② 切换到【插入】|【图表】组|【柱形图】按钮，在弹出的柱形图样式库中选择要创建的

图表类型“三维簇状柱形图”。如图 4-72 所示。

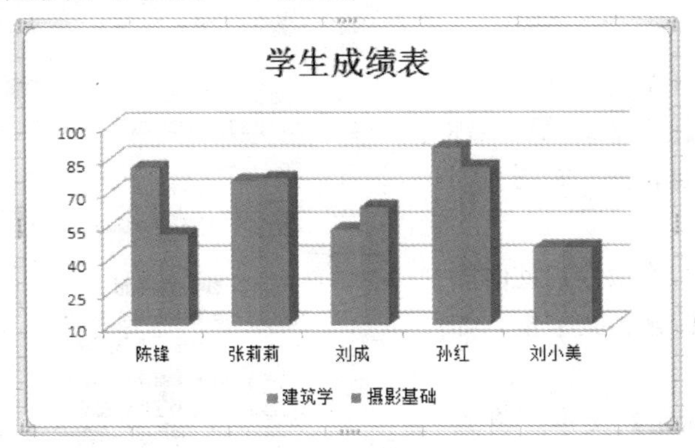

图 4-71　图表

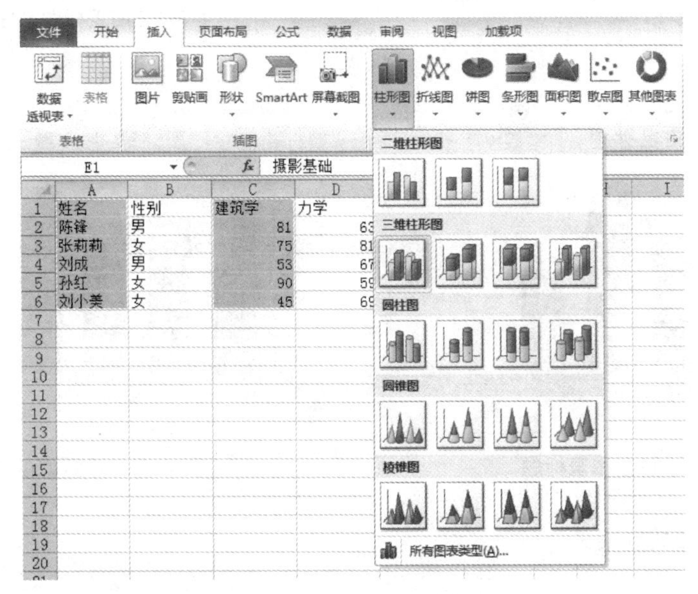

图 4-72　选择图表类型

即可完成在工作表中柱形图图表的创建。如图 4-73 所示。

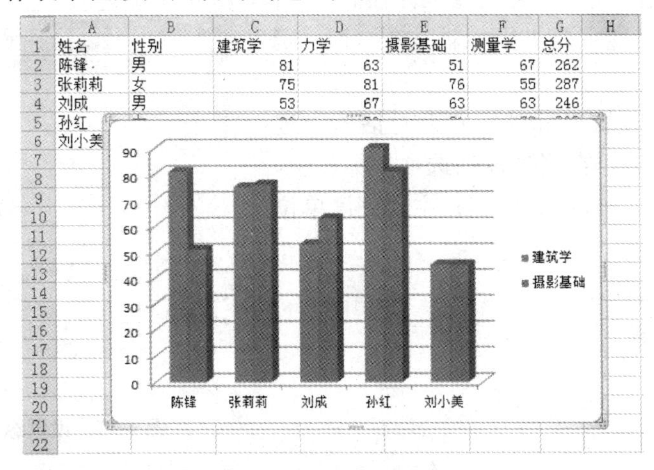

图 4-73　创建好的图表

2. 设置图表的标题

操作提要：

① 选定图表。

② 单击【布局】|【标签】组|【图表标题】按钮，打开下拉列表框，如图 4-74 所示。

③ 选择【图表上方】命令，此时图表上方会出现【图表标题】文字框，如图 4-75 所示。

④ 选定【图表标题】文本，将其修改为“学生成绩表”，设置标题文字格式为楷体，20 号，即完成图表标题的设置。如图 4-76 所示。

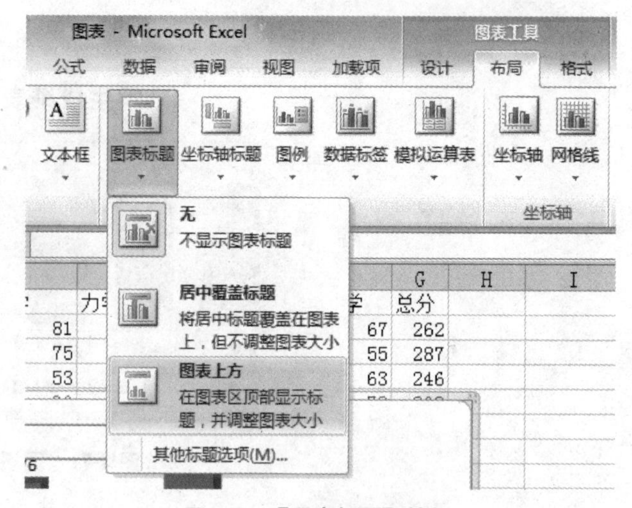

图 4-74　【图表标题】按钮

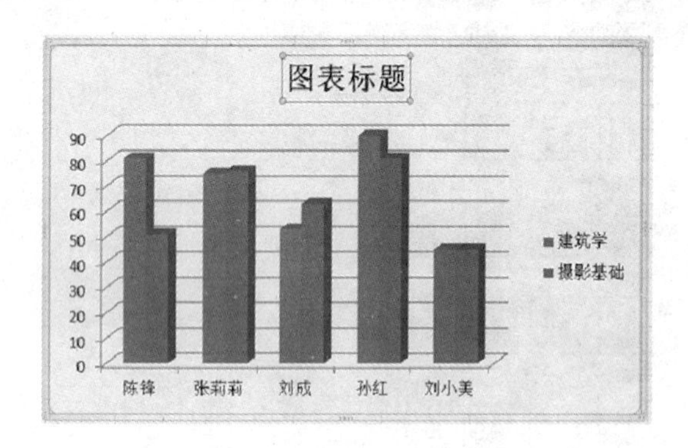

图 4-75　设置图表标题

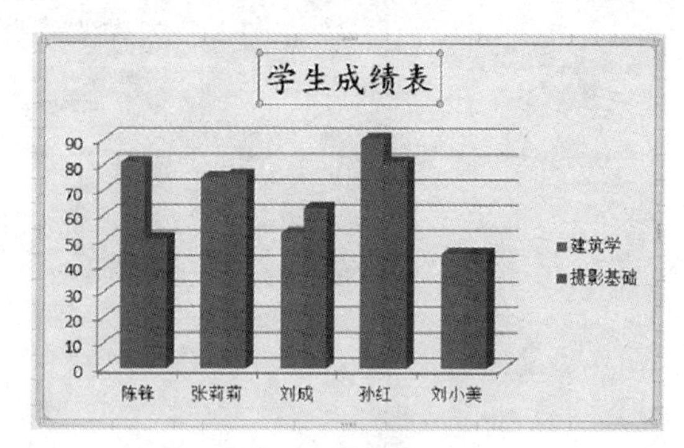

图 4-76　设置好的图标题

3. 设置坐标轴数据格式

操作提要：

① 选定图表。

② 单击【布局】|【坐标轴】组|【坐标轴】按钮|【主要纵坐标轴】|【其他主要纵坐标轴选项（M）...】命令，如图 4-77 所示。

③ 在弹出的【设置坐标轴格式】对话框中进行如图 4-78 所示设置，在【坐标轴选项】标签中，最小值选择“固定”，修改为“10”；主要刻度单位选择“固定”，修改为“15”。

效果如图 4-79 所示。

4. 设置图例位置

操作提要：

① 选定图表。

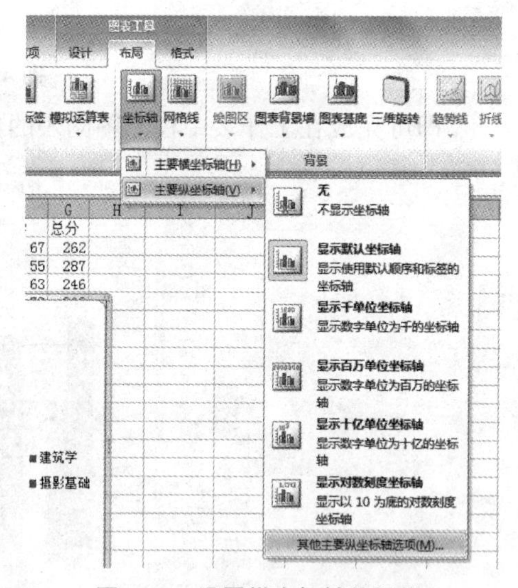

图 4-77　设置纵坐标轴数据格

图 4-78　设置坐标轴格式

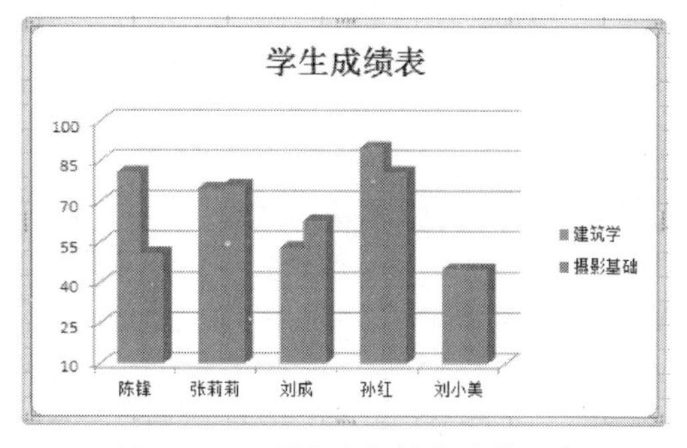

图 4-79　设置好坐标轴格式的图表

② 单击【布局】|【标签】组|【图例】按钮|【在底部显示图例】命令，如图 4-80 所示。效果如图 4-81 所示。

图 4-80　设置图例

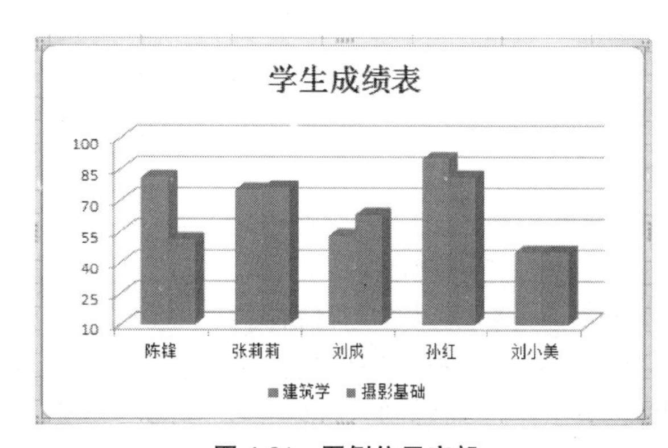

图 4-81　图例位于底部

5. 设置图表样式

操作提要：

① 选定图表。

② 单击【设计】|【图表样式】组|【样式 3】按钮，如图 4-82 所示。

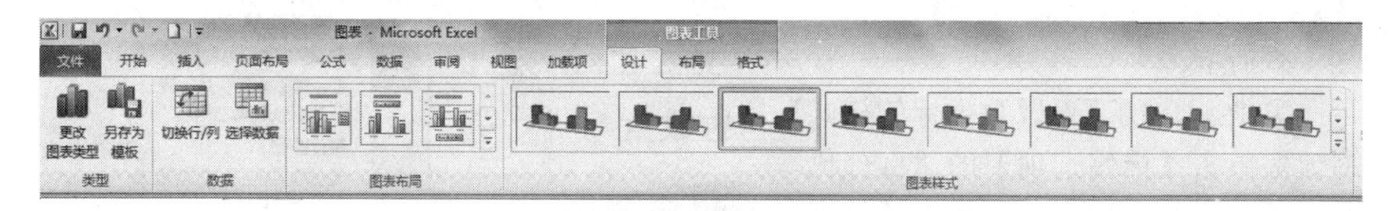

图 4-82　图表样式按钮

完成效果如图 4-71 所示。

任务二：在“图表”工作簿的“销售表”工作表中（如图 4-83 所示），建立如图 4-84 所示产品销售数量的三维饼图，数据标志显示百分比，保留 1 位小数，并嵌入本工作表中。

	A	B	C	D	E	F
1	商品名称	销售数量	进货价	销售价	销售额	销售利润
2	手机A	358	5378	5968		
3	手机B	655	3845	4280		
4	手机C	878	2087	2399		
5	手机D	2000	1360	1680		
6	手机E	1326	1678	2099		
7	手机F	1578	1808	2288		
8						

图 4-83　销售表

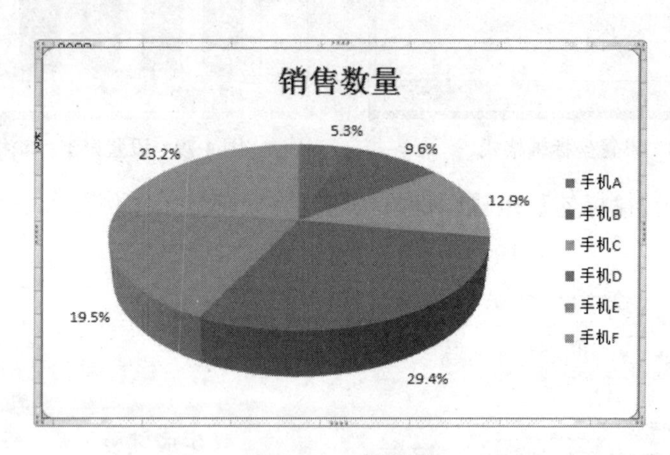

图 4-84　三维饼图

1. 创建图表

操作提要：

① 选择创建图表的数据区域 A1：B7。

② 单击【插入】|【图表】组|【饼图】按钮，在弹出的柱形图样式库中选择要创建的图表类型“三维饼图”，即可完成图表的创建。

2. 设置数据标签格式

操作提要：

① 选定图表。

②单击【布局】|【标签】组|【数据标签】按钮|【其他数据标签选项】命令。如图 4-85 所示。

③ 在弹出的【设置数据标签格式】对话框单击【标签选项】的“百分比”复选框，如图 4-86 所示。单击【数字】标签，输入【百分比】的小数位数为“1”。如图 4-87 所示。

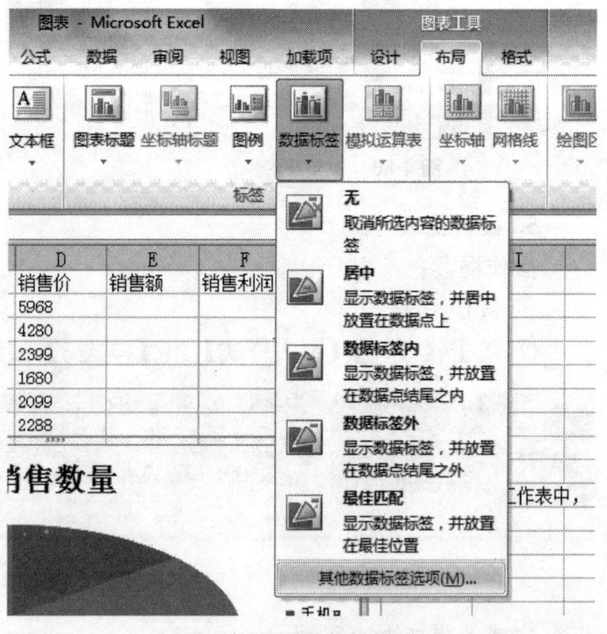

图 4-85　设置数据标签

图 4-86　设置百分比标签

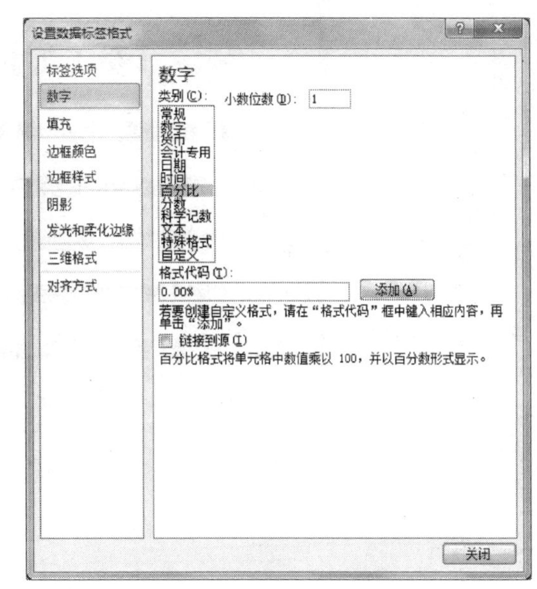

图 4-87　设置百分比小数位数

④ 单击【确定】按钮。

3. 设置数据标签位置

操作提要：

① 选定图表。

② 单击【布局】|【标签】组|【数据标签】按钮|【数据标签外】命令。如图 4-85 所示。即可完成图 4-84 所示的三维饼图设置。

四、练习

1. 在图 4-88 所示的“图表”工作簿的“工资表”工作表中，建立如图 4-89 所示的各员工“工资”和“奖金”的堆积条形图，并嵌入本工作表中。

	A	B	C	D	E	F	G
1	员工编号	部门	姓名	工龄	工资	奖金	收入
2	X13	销售部	陈小强	1	3000	150	
3	K22	开发部	郑红	2	3400	200	
4	K25	研发部	李凯	5	4000	300	
5	k26	研发部	林枫	3	3600	260	
6	x16	销售部	张强	4	3800	280	
7							

图 4-88　工资表

2. 在图 4-90 所示“图表”工作簿的“就业统计表”工作表中，建立如图 4-91 所示的各班“总人数”及“就业人数”的带数据标记折线图，并嵌入本工作表中。

3. 在“图表练习”工作簿，完成如下操作：

① 在“练习 3”工作表中建立如图 4-92 所示的各员工“基本工资”的簇状条形图，并嵌入本工作表中。

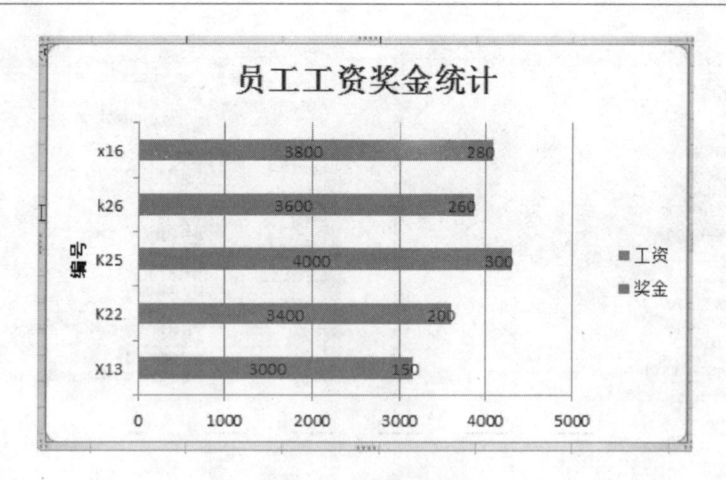

图 4-89　堆积条形图

	A	B	C	D	E	F
1	序号	班别	系部名称	总人数	就业人数	就业率
2	1	08会计	管理系	100	90	
3	2	08计	计算机系	80	71	
4	3	08营销	管理系	90	79	
5	4	08英语	外语系	50	42	
6	5	08网络	计算机系	60	53	

图 4-90　就业统计表

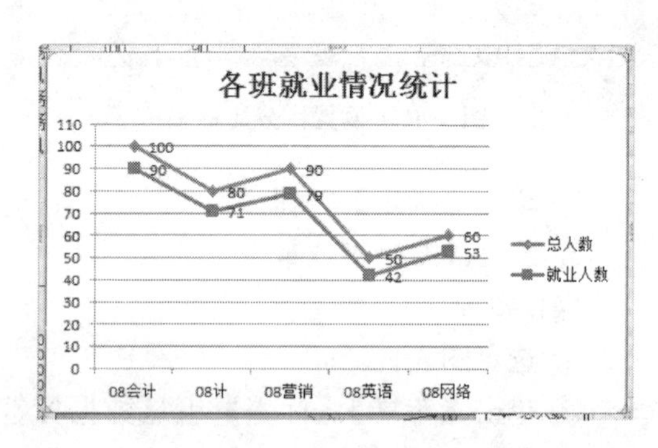

图 4-91　折线图

② 在“练习 4”工作表中建立产品销售数量的三维饼图，数据标志显示百分比，保留 1 位小数，并嵌入本工作表中，如图 4-93 所示。

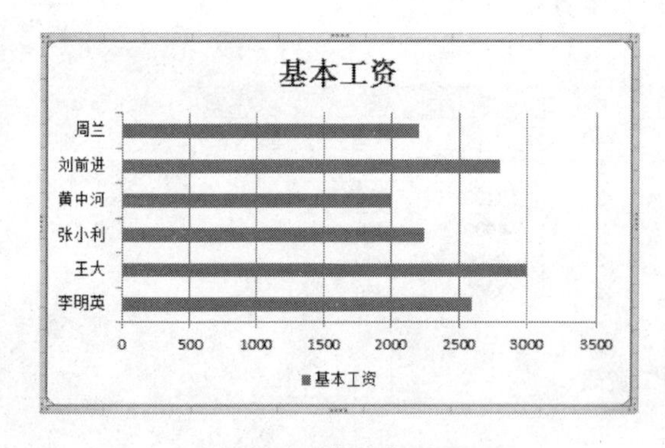

图 4-92　簇状条形图

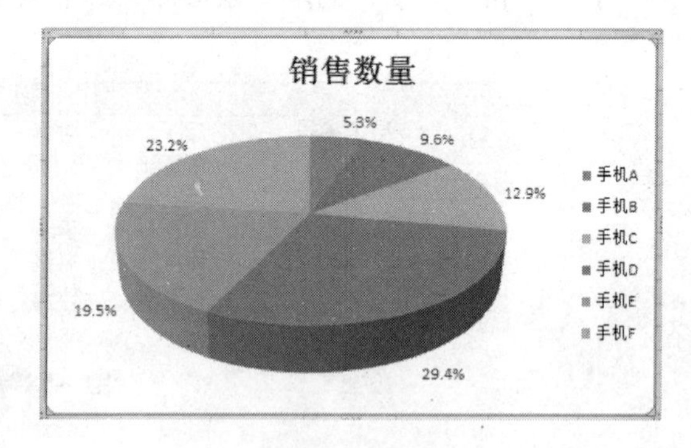

图 4-93　三维饼图

③ 在“练习 5”工作表中建立三门课程成绩情况的三维簇状柱形图，并嵌入本工作表中，如图 4-94 所示：

④ 在“练习 6”工作表中建立英语成绩的带数据标记的折线图，并嵌入本工作表中，如图 4-95 所示。

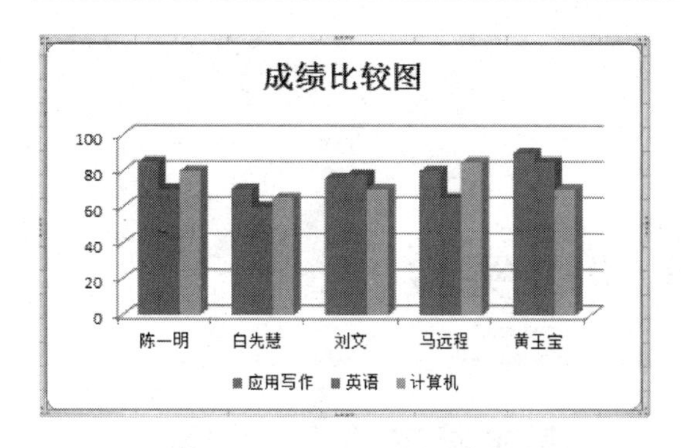

图 4-94　三维簇状柱形图

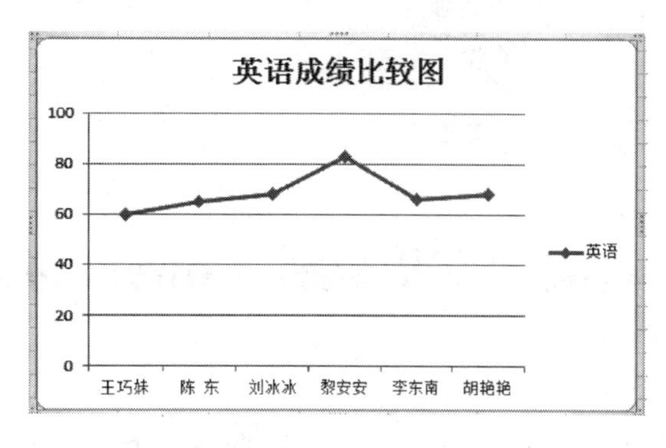

图 4-95　带数据标记的折线图

第 5 章

演示文稿软件 PowerPoint 2010 实验

实验 1 PowerPoint 的基本操作

一、实验目的

◆ 掌握 PowerPoint 的启动和退出的方法。

◆ 掌握创建演示文稿的基本过程。

◆ 掌握幻灯片的制作、文字编排、图片和表格的插入、模板的选用及文稿视图的使用方法。

二、预备知识

1. 启动 PowerPoint 2010

方法 1：单击【开始】|【所有程序】|【Microsoft Office】|【Microsoft Office PowerPoint 2010】。

方法 2：双击 Windows 桌面上的 PowerPoint 快捷方式图标“”。

方法 3：通过【计算机】程序，找到要打开的 PowerPoint 2010 文档，双击这个 PowerPoint 文档的图标。

方法 4：单击【开始】|【文档】菜单命令，可以启动最近使用过的 PowerPoint 文档。

2. 退出 PowerPoint 2010

方法 1：单击【文件】|【退出】菜单命令，关闭所有的文件，并退出 PowerPoint 2010。

方法 2：单击 PowerPoint 2010 工作界面右上角的【关闭】按钮。

方法 3：双击 PowerPoint 2010 窗口左上角的控制菜单图标“”。

方法 4：直接按快捷键〈Alt〉+〈F4〉。

3. 演示文稿的创建

启动 PowerPoint 2010 后，新建演示文稿，有如下方法：

（1）利用“空白演示文稿”创建演示文稿

单击【文件】|【新建】命令，在可用的模板和主题上单击【空白演示文稿】图标，然后单击【创建】图标，打开新建的第一张幻灯片，文档的默认名为“演示文稿 1”、“演示文稿 2”……

（2）利用“模板”创建演示文稿

模板提供了预定的颜色搭配、背景图案、文本格式等幻灯片显示方式，但不包含演示文稿的设计内容。在【新建选项】|【样本模板】，打开【样本模板】库，再选择需要的模板（如“现代型相册”），然后单击【创建】图标，新建第一张幻灯片。

(3) 根据“现有演示文稿”创建演示文稿

如果想打开一个已存在的文稿，可以选择【文件】|【打开】命令，在打开的对话框中，选择已有文稿，并单击【确定】按钮，即可打开已有的文稿了。

4. 演示文稿的保存

选择【文件】选项卡的【保存】命令，可对演示文稿进行保存。若是新建演示文稿的第一次存盘，系统会弹出【另存为】对话框。默认的保存类型为“*.pptx”。

5. 认识占位符

占位符，就是先占住版面中一个固定的位置，供用户向其中添加内容。在 PowerPoint 2010 中，占位符显示为一个带有虚线边框的方框，所有的幻灯片版式中都包含有占位符，在这些方框内可以放置标题及正文，或者放置 SmartArt 图形、表格和图片之类的对象。

占位符内部往往有“单击此处添加文本”之类的提示语．一旦鼠标单击之后，提示语会自动消失。创建模板时，占位符能起到规划幻灯片结构的作用，调节幻灯片版面中各部分的位置和所占面积的大小。

6. 输入文本

在幻灯片中输入文本分两种情况：

(1) 有文本占位符（选择包含标题或文本的自动版式）

单击文本占位符，占位符的虚线框的矩形框、原有文本消失，同时在文本框中出现一个闪烁的“I”形插入光标，表示文本内容。

输入文本时，PowerPoint 2010 会自动将超出占位符位置的文本切换到下一行，用户也可按〈Shift〉+〈Enter〉组合键进行人工换行。按〈Enter〉键，文本另起一个段落。

输入完毕后，单击文本占位符以外的地方即可结束输入，占位符的虚线框消失。

(2) 无文本占位符

插入文本框即可输入文本，操作与 Word 类似。

文本输入完毕，可对文本进行格式化，操作与 Word 类似。

7. 插入表格

新建幻灯片，单击【开始】|【幻灯片】组|【版式】按钮，在下拉列表框中选择【两栏内容】，在左侧占符中单击【插入表格】，弹出【插入表格】对话框，在【列数】微调框中输入列数，在【行数】微调框中输入行数。单击【确定】按钮。

8. 幻灯片版式设计

新建幻灯片，单击【开始】|【新建幻灯片】按钮，在下拉列表中的【版式】中选择一种版式。

如果是已经设计好的幻灯片可以修改版式，选中某一张幻灯片，单击【开始】|【幻灯片】|【版式】按钮，从弹出的下拉列表中选择相应的版式即可。

9. 插入剪贴画

剪贴画是 PowerPoint 2010 中一些默认设计好的图片，可在演示文稿中加入一些与文稿主题有关的剪贴画，使演示文稿生动有趣、更富吸引力。

(1) 有内容占位符（选择包含内容的自动版式）

单击内容占位符的【插入剪贴画】图标，弹出【剪贴画】任务窗格，工作区内显示的为管理器里已有的图片，双击所需图片即可插入。如果图片太多难以找到，可以利用对话框上的搜索功能。

(2) 无内容占位符

选择要插入剪贴画的幻灯片，单击【插入】|【图像】组|【剪贴画】按钮，弹出【剪贴画】任务窗格，在【搜索文字】文本框中输入搜索的内容，然后单击【搜索】按钮，稍等片刻，下方的列表框中即可显示出搜索的结果。从【搜索结果】列表框中选中要插入的剪贴画，即可将其插入到当前幻灯片中。

10. 插入图片

单击【插入】|【图像】组|【图片】按钮，打开【插入图片】对话框，选择需要的图片后，单击【插入】按钮，即可将图片文件插入到当前幻灯片中。

插入图片后可对图片进行各种编辑工作，方法是选中图片后，打开【图片工具】的【格式】选项卡，进行图片格式设置。

11. 应用设计模板

PowerPoint 2010 为用户提供了许多内置的模板样式。应用这些设计模板可以快速统一演示文稿的外观，一个演示文稿可以应用多种设计模板，使幻灯片具有不同的风格。

同一个演示文稿中应用多个模板与应用单个模板的步骤非常相似，单击【设计】选项卡|【主题】组|【其他】按钮，从弹出的下拉列表框中选择一种模板，即可将该目标应用于单个演示文稿中。

如果想为某张单独的幻灯片设置不同的风格，可选择该幻灯片，在【设计】选项卡的【主题】组单击【其他】按钮，从弹出的下拉列表框中右击需要的模板，从弹出的快捷菜单中选择【应用于选定幻灯片】命令。

12. 应用主题颜色

打开【设计】选项卡，在【主题】组中单击【颜色】按钮 颜色，从弹出的下拉列表框中选择一种主题颜色，即可将主题颜色应用于演示文稿中。

另外，右击某个主题颜色，从弹出的快捷菜单中选择【应用于所选幻灯片】命令，该主题颜色只会被应用到当前选定的幻灯片中。

13. 设置幻灯片背景

更改背景样式：打开【设计】|【背景】组|【背景样式】下拉按钮，从弹出的下拉列表框中选择一种背景样式，选择【设置背景格式】命令，打开【设置背景格式】对话框，在其中可以为幻灯片设置填充颜色、渐变填充及图案填充等格式。

要为幻灯片背景设置渐变和纹理样式时，可以打开【设置背景格式】对话框的【填充】选项卡，可选【渐变填充】、【图片或纹理填充】或【图案填充】单选按钮，并在其中的选项区域中进行相关的设置。

三、实验内容

本实验将制作一个名为“世界自然奇观”的演示文稿，如图 5-1 所示。本实验利用“空演示文稿”创建演示文稿，对幻灯片进行版式设置、文字编辑、插入表格和图片等操作，并设置幻灯片的主题参数。

1. 创建空演示文稿

操作提要：

① 启动 PowerPoint 2010，即创建一个空白演示文稿。

② 第一张幻灯片的版式默认为“标题幻灯片”。如图 5-1 所示，单击标题占位符，输入“世界自然奇观”，副标题输入“三大景点介绍”。

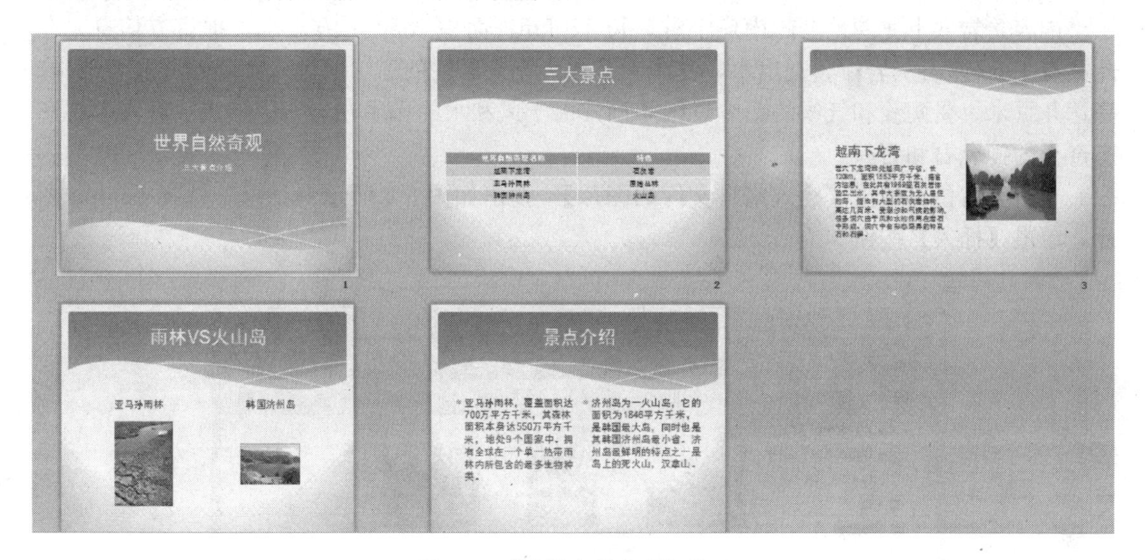

图 5-1　“世界自然奇观”演示

③ 插入新幻灯片作为第二张幻灯片：单击【开始】|【幻灯片】组|【新建幻灯片】按钮，在弹出的下拉列表中选择需要的版式“标题与内容”，如图 5-2 所示；在标题占位符输入“三大景点”，在下方占位符单击【插入表格】，如图 5-3 所示，表格内容如下：

表 5-1

世界自然奇观名称	特色
越南下龙湾	石灰岩
亚马孙雨林	原始丛林
韩国济州岛	火山岛

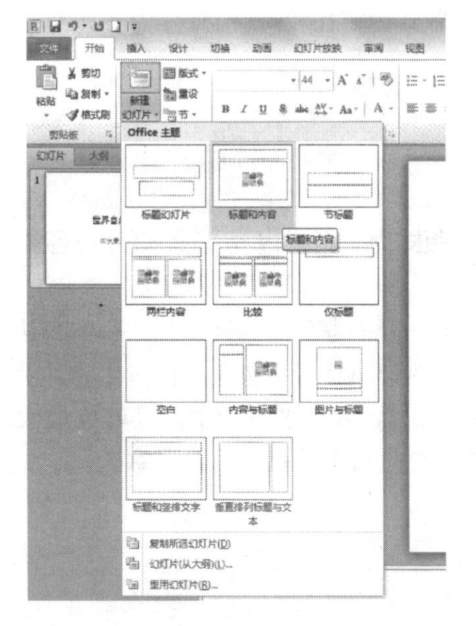

图 5-2 【新建幻灯片】按钮

图 5-3　插入表格

④ 插入新幻灯片作为第三张幻灯片，版式为“内容与标题”。输入内容如下：

标题：越南下龙湾。

内容：岩穴下龙湾地处越南广宁省，长 120km，面积 1553 平方千米，据官方信息，在此共有 1969 座石灰岩体竖立出水，其中大多数为无人居住的岛，但也有大型的石灰岩结构，高达几百米。受潮汐和气候的影响，很多洞穴由于风和水的作用在岩石中形成。洞穴中有形态奇异的钟乳石和石笋。

在右方占位符单击【插入来自文件的图片】，弹出如图 5-4 所示对话框，选择 yn. jpg 图片，单击【插入】按钮。

图 5-4　插入图片

⑤ 插入新幻灯片作为第四张幻灯片，版式为“比较”。幻灯片内容如下：

标题：雨林 VS 火山岛

左文本：亚马孙雨林（居中对齐）

右文本：韩国济州岛（居中对齐）

左图片为 yl. jpg，右图片为 hg. jpg。

⑥ 插入新幻灯片作为第五张幻灯片，版式为“两栏内容”。幻灯片内容如下：

标题：景点介绍。

左栏内容：亚马孙雨林，覆盖面积达 700 万平方千米，其森林面积本身达 550 万平方千米，地处 9 个国家中，拥有全球在一个单一热带雨林内所包含的最多生物种类。

右栏内容：济州岛为一火山岛，它的面积为 1846 平方千米，是韩国最大岛，同时也是韩国济州岛最小省。济州岛最鲜明的特点之一是岛上的死火山，汉拿山。

设置两栏文本字号为 24 磅。

2. 应用设计模板

操作提要：

单击【设计】|【主题】组|【其他】按钮，如图 5-5 所示，从弹出的下拉列表框中选择

"波形"模板，即可将该主题应用于整个演示文稿中。

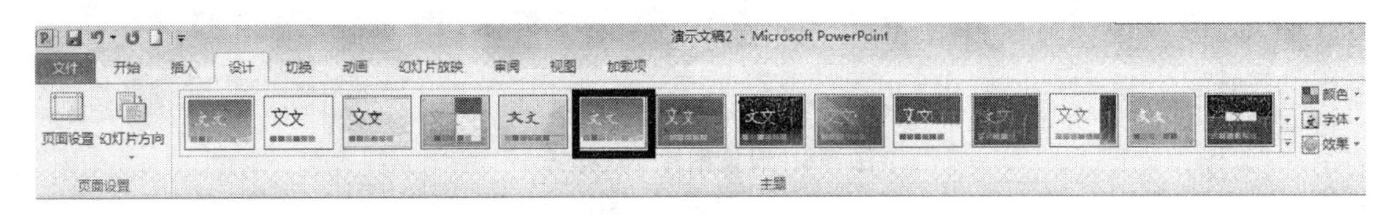

图 5-5　选择设计模板

3. 应用背景样式

操作提要：

单击【设计】|【背景】组|【背景样式】按钮背景样式，如图 5-6 所示，从弹出的下拉列表框中选择"样式 5"。

图 5-6　应用背景样式

4. 设置主题字体

操作提要：

单击【设计】|【主题】组|【字体】按钮字体，如图 5-7 所示，从弹出的下拉列表框中选择"Office 经典 2"字体。

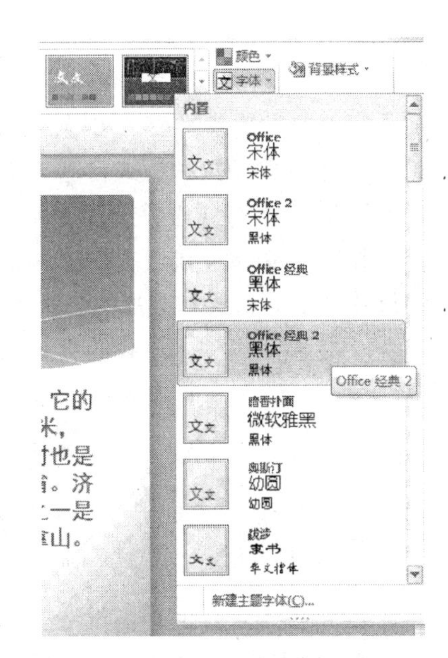

图 5-7　选择主题字体

5. 设置图片格式

操作提要：

① 选定第三张幻灯片的图片；

② 单击【格式】|【图片样式】组|【图片外观样式】的"映像圆角矩形"，如图 5-8 所示。即可设置图片的效果，如图 5-9 所示。

6. 保存演示文稿

操作提要：

选择【文件】|【保存】命令，在弹出【另存为】对话框选择保存的路径，文件名为"世界自然奇观"，默认的"保存类型"为"＊.pptx"。

图 5-8　设置图片外观样式

图 5-9　完成效果

四、练习

本实验将制作一个“我的学校”演示文稿。该演示文稿由 5 张幻灯片组成。

1. 在第 1 张“标题幻灯片”版式幻灯片中输入自己就读过的某所学校名。

2. 在第 2 张“内容与标题”版式幻灯片中输入学校简介，并插入相关的剪贴画或图片。

3. 在第 3 张“标题和内容”版式幻灯片中插入 SmartArt 图形的层次结构组织图，在其输入学校的设置或班级结构等内容。

4. 第 4 张幻灯片版式自选，主题内容为介绍自己在学校生活当中最喜欢的人或事。

5. 第 5 张幻灯片版式自选，主题内容为说说自己在学校生活当中的感悟。

6. 美化演示文稿：根据个人喜好给演示文稿应用主题样式，设置幻灯片的背景，设置幻灯片文字的格式和图片的格式等。

7. 将结果以“□□我的学校 . pptx”为文件名保存在指定目录下（□□为学号后两位）。

实验 2　PowerPoint 的高级操作

一、实验目的

◆ 掌握幻灯片的动画设置。

◆ 掌握交互式演示文稿的创建。

◆ 掌握幻灯片的放映技术。

◆ 掌握在幻灯片中插入声音的方法。

二、预备知识

1. 动画设置

(1) 添加动画效果

打开【动画】选项卡，单击【动画】组选择一种进入效果。

选择更多效果，打开【动画】组中的【其他】按钮。

给同一对象添加多种动画效果，则在【高级动画】组中单击【添加动画】按钮。

(2) 设置动画效果

打开【高级动画】组|【动画窗格】任务窗格，在动画效果列表中单击动画效果，在其右边的下拉按钮的下拉列表中也可以设置动画效果。

另外，在动画效果列表中右击动画效果，从弹出的快捷菜单中选择【效果选项】命令，打开效果设置对话框，也可以设置动画效果。

(3) 设置计时

若要为动画设置开始计时，应在【动画】选项卡|【计时】组中单击【开始】菜单右侧的下拉按钮，然后选择所需的计时。

(4) 改变动画排序

若要对列表中的动画重新排序，请在【动画任务窗格】中选择要重新排序的动画，单击上移按钮或下移按钮可以调整该动画的播放次序。

2. 设置幻灯片的切换效果

选中某一幻灯片，在【切换】|【切换到此幻灯片】组列表框中选择某一切换效果。如果所有幻灯片应用同一切换效果，则单击【切换】|【计时】组|【全部应用】按钮。

3. 设置超链接

(1) 添加超链接

在幻灯片里选择文字或某个对象，打开【插入】|【链接】组|【超链接】按钮，弹出的【插入超链接】对话框，若在其中选择：

• 【现有文件或网页】(默认选项)，在【查找范围】列表框中选择要链接到的其他 Office 文档或文件，单击【确定】按钮即可。

• 【本文档中的位置】选项，则会切换到【插入超链接】对话框，然后在【请选择文档中的位置】列表框中选择要链接到的幻灯片，单击【确定】按钮即可。

• 【电子邮件地址】，则会切换到【插入超链接】对话框，输入电子邮件地址，单击【确定】按钮即可。

幻灯片放映时单击该文字或对象可启动超链接。通过使用超链接可以实现同一份演示文稿在不同的情形下显示不同内容的效果。

注意：只有幻灯片中的对象才能添加超链接，备注、讲义等内容不能添加超链接。幻灯片中可以显示的对象几乎都可以作为超链接的载体。

(2) 编辑超链接

当用户在添加了超链接的文字、图片等对象上右击时，在弹出的快捷菜单中选择【编辑超链接】命令，即可打开与【插入超链接】对话框十分相似的【编辑超链接】对话框，用户可以按照添加超链接的方法对已有超链接进行修改。

(3) 删除超链接

选中准备删除的超链接文本，使用鼠标右键单击该超链接项，在弹出的快捷菜单中选择【取消超链接】命令。

4. 插入动作按钮

① 选择要插入动作按钮的幻灯片，单击【插入】|【插图】组|【形状】按钮，在打开菜单的【动作按钮】选项区域中选择某一动作按钮。

② 在幻灯片中拖动鼠标绘制形状，释放鼠标，自动打开【动作设置】对话框。

③ 在【单击鼠标时的动作】下拉列表框中选择需要的选项，单击【确定】按钮。

如果在【动作设置】对话框的【鼠标移过】选项卡中设置超链接的目标位置，那么在放映演示文稿中，当鼠标移过该动作按钮（无须单击）时，演示文稿将直接跳转到该幻灯片。

5. 插入声音

选中某张幻灯片，单击【插入】|【媒体】组|【音频】按钮，在下拉列表中选择“文件中的音频”。在弹出的对话框中选择要插入的 mp3 文件。

和设置动画效果的操作一样，设置声音的动画属性。

6. 自定义放映

单击【幻灯片放映】|【开始放映幻灯片】组|【自定义幻灯片放映】按钮，弹出【自定义放映】对话框，在其中输入自定义放映的名称，设置自定义放映的顺序。

三、实验内容

打开“世界自然奇观”演示文稿，本实验对演示文稿进行动画设置、创建超链接和动作按钮、插入背景音乐、设置放映方式。

1. 设置动画方式

操作提要：

①选定第一张幻灯片的标题，打开【动画】|【动画】组中的【其他】按钮，在弹出的如图 5-10 所示的【进入】列表框中选择“翻转式由远及近”效果。

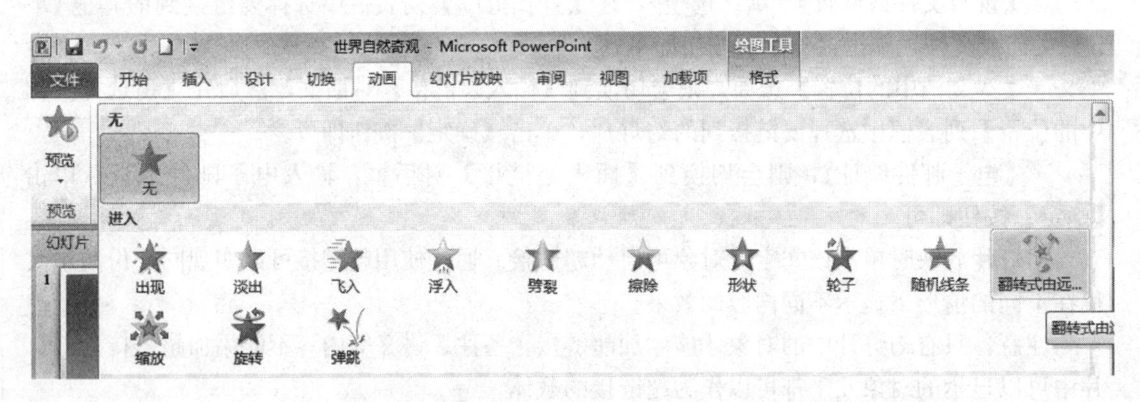

图 5-10　设置“进入”｜“翻转式由远及近”动画效果

② 选定第一张幻灯片的副标题，打开【动画】|【动画】组中选择“浮入”效果，如图 5-11。

③ 选定第二张幻灯片的标题，打开【动画】|【动画】组中的【其他】按钮，在如图 5-12 所示弹出的【强调】列表框中选择“跷跷板”效果。

图 5-11　设置"进入" | "浮入"动画效果

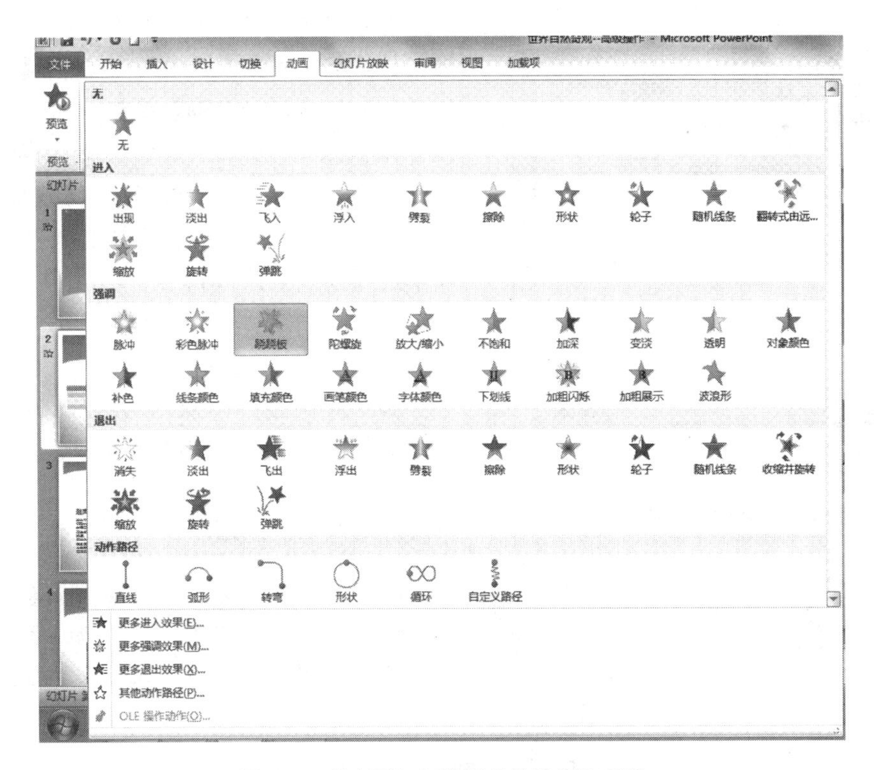

图 5-12　【动画】组的【其他按钮】下拉

④ 选定第二张幻灯片的表格，▾，在如图 5-12 所示弹出的【进入】列表框中选择"轮子"效果。

⑤ 第三张幻灯片的动画设置具体要求如下：

标题："进入"|"展开"（提示：【动画】|【动画】组|【其他】按钮|【更多进入效果】）

文本："进入"|"菱形"

图片："进入"|"楔入"

⑥ 第四张幻灯片的动画设置具体要求如下：

标题："强调"|"波浪形"（提示：【动画】|【动画】组|【其他】按钮|【更多强调效果】）

文本："进入"|"随机线条"（第二个文本可使用"动画刷"完成设置）

图片："进入"|"圆形扩展"

提示：在 PowerPoint 2010 中，可以使用动画刷快速轻松地将动画从一个对象复制到另一个对象。动画刷使用方法：先选择包含要复制的动画的对象；再单击【动画】|【高级动画】组【动画刷】按钮；然后在幻灯片上，单击要将动画复制到其中的对象即可。

⑦ 第五张幻灯片的动画设置具体要求如下。

标题："进入"|"形状"，效果选项为"加号"

文本：第一动画效果："进入"|"出现"

第二动画效果："强调"|"画笔颜色"，效果选项选择"主题颜色"的绿色；动画开始时间选择"上一动画之后"。

提示：设置好标题的"进入"效果为"形状"之后，单击【动画】|【动画】组|【效果选项】按钮，在下列列表中选择"加号"，如图 5-13 所示，即可完成动画效果选项设置。

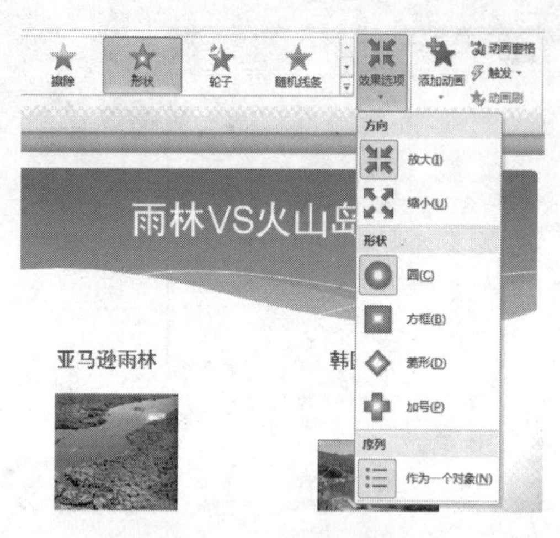

图 5-13　动画效果选项

文本的第一动画效果"进入"为"出现"设置好之后，再次选中文本，单击【动画】|【添加动画】组|【添加动画】按钮，如图 5-14 所示，在下拉列表中选择"强调"效果为"画笔颜色"；单击【动画】|【动画】组|【效果选项】按钮，在下拉列表中选择"主题颜色"为绿色；在单击【动画】|【计时】组|【开始】下拉列表选择"上一动画之后"，如图 5-14 所示，即可设置动画开始时间。

如果要调整动画效果的顺序，可选中要调整的对象，单击【动画】|【计时】组|【向前移动】或【向后移动】按钮，如图 5-14 所示，即可改变动画播放的顺序。

图 5-14　【高级动画】组和【计时】组

2. 设置幻灯片的切换效果

将所有幻灯片的切换效果设置为"擦除"，换页方式为单击鼠标换页及间隔 5 秒钟换页。

操作提要：

在【切换】|【切换到此幻灯片】组列表框中选择"擦除"效果，单击【切换】|【计时】组|【全部应用】按钮，在"换片方式"选择【单击鼠标时】复选框和【设置自动换片时间】，设置自动换片时间为"00：05.00"，如图 5-15 所示。

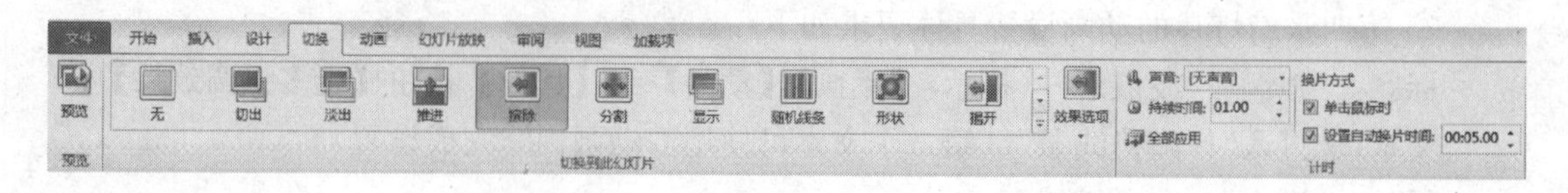

图 5-15　设置幻灯片切换效果

3. 设置超链接

操作提要：

① 选中第二张幻灯片中的表格文字“越南下龙湾”，单击【插入】|【链接】组|【超链接】按钮，如图 5-16 所示。

图 5-16 【插入】选项卡

② 在弹出的【插入超链接】对话框中，选择左侧的【本文档中的位置】按钮，在“请选择文档中的位置”列表框里选择“3. 越南下龙湾”，单击【确定】按钮，如图 5-17 所示，即实现“越南下龙湾”文字超链接到第三张幻灯片。

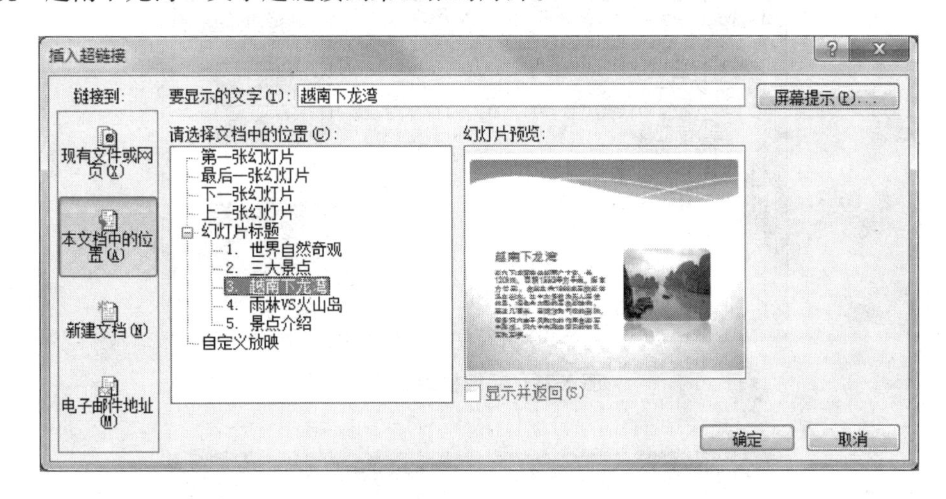

图 5-17 插入超链接

③ 用同样方法分别给表格文字“亚马逊雨林”创建超链接到第四张幻灯片，“韩国济州岛”创建超链接到第五张幻灯片。

完成超链接的表格文字如图 5-18 所示。

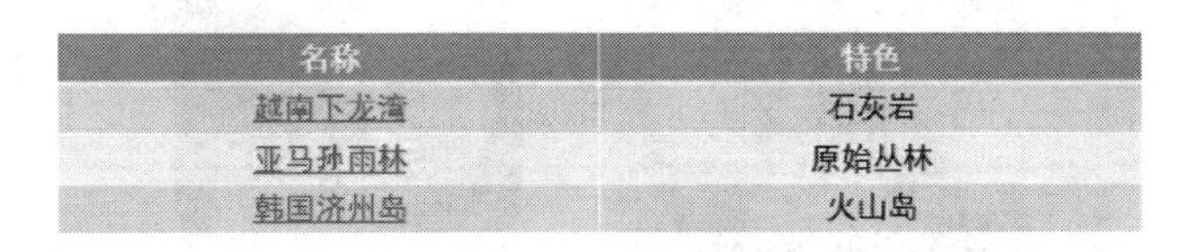

名称	特色
越南下龙湾	石灰岩
亚马孙雨林	原始丛林
韩国济州岛	火山岛

图 5-18 超链接效果

4. 插入动作按钮

操作提要：

① 选中第三张幻灯片，单击【插入】|【插入】组|【形状】按钮，如图 5-16 所示。

② 在下拉列表框中选择“动作按钮”组的第五个按钮“动作按钮：第一张”，如图 5-19 所示。

图 5-19 动作按钮

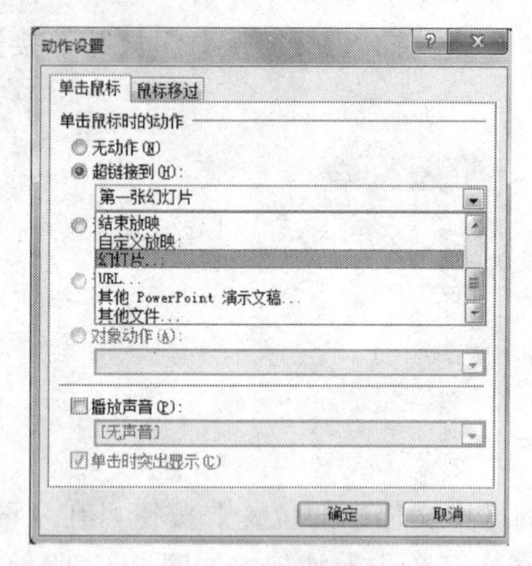

图 5-20　动作设置

③ 在第三张幻灯片的右下角，鼠标拖动绘制该动作按钮，松开鼠标后弹出如图 5-20 所示对话框，在“单击鼠标时的动作”选择“超链接”，在其下拉列表中选择“幻灯片…”命令，单击【确定】按钮。

④ 在弹出的【超链接到幻灯片】对话框中选择“1. 世界自然奇观”，如图 5-21 所示，即可设置链接到第一张幻灯片。

完成超链接的第三张幻灯片如图 5-22 所示。

⑤ 复制该动作按钮，分别在第四张、第五张幻灯片执行粘贴，即可创建第四张、第五张幻灯片的超链接。

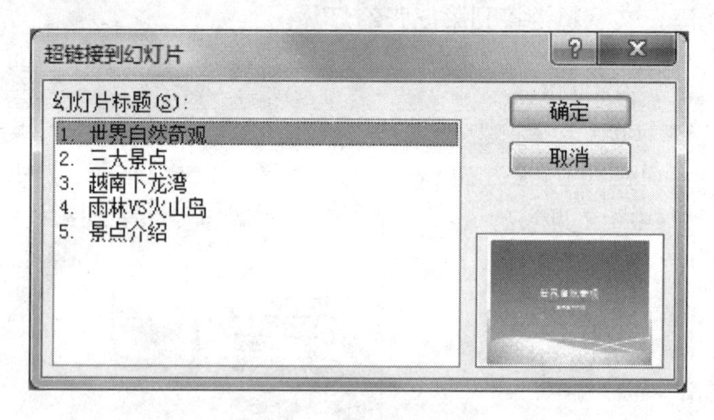

图 5-21　超链接到幻灯片

图 5-22　超链接效果

5. 插入背景音乐

操作提要：

① 选中第一张幻灯片，单击【插入】|【媒体】组|【音频】按钮，如图 5-23 所示，在下拉列表中选择“文件中的音频”。在弹出的对话框中选择要插入的 mp3 文件。

② 单击【动画】|【高级动画】组|【动画窗格】按钮，如图 5-24 所示，在弹出的【动画窗格】列表框中选择 mp3 文件右边的下拉按钮，在其列表中选择【效果选项】，如图 5-25 所示。

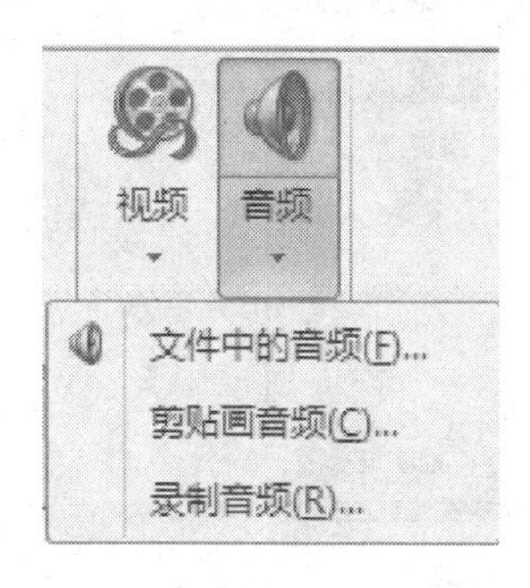

图 5-23 【音频】按钮

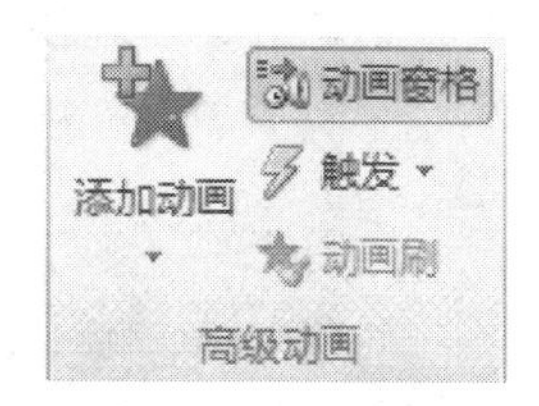

图 5-24 【动画窗格】按钮

③ 在弹出的【播放音频对话框中】，“开始播放”选择“从头开始”，“停止播放”选择“在 5 张幻灯片后”，如图 5-26 所示。单击【确定】按钮。

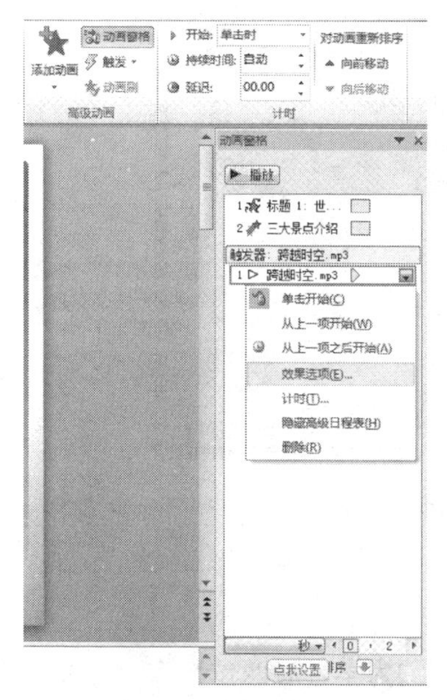

图 5-25　动画窗格

图 5-26 【播放音频】对话框

6. 设置幻灯片放映方式

操作提要：

① 单击【幻灯片放映】|【开始放映幻灯片】组|【自定义幻灯片放映】按钮，如图 5-27 所示。

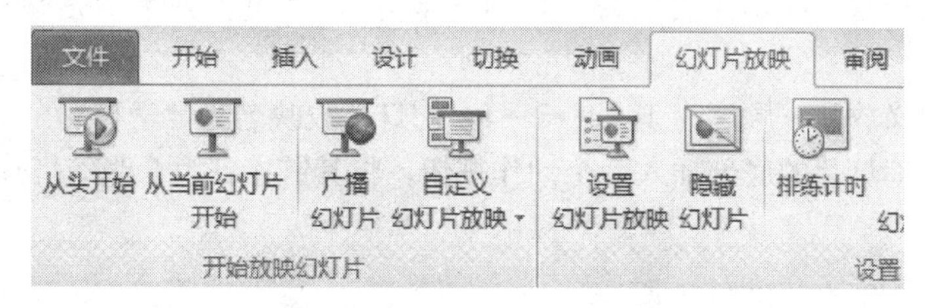

图 5-27 【自定义幻灯片放映】

② 在弹出的【自定义放映】对话框中，单击【新建】按钮，如图 5-28 所示。

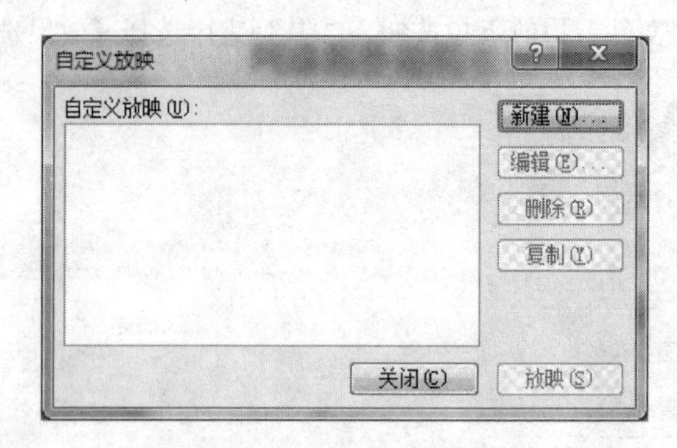

图 5-28 【自定义放映】对话框

③ 在弹出的【定义自定义放映】对话框中，在“幻灯片放映名称”中输入“我的放映”，自定义放映顺序为：1→3→4→5→2，如图 5-29 所示。单击【确定】按钮。

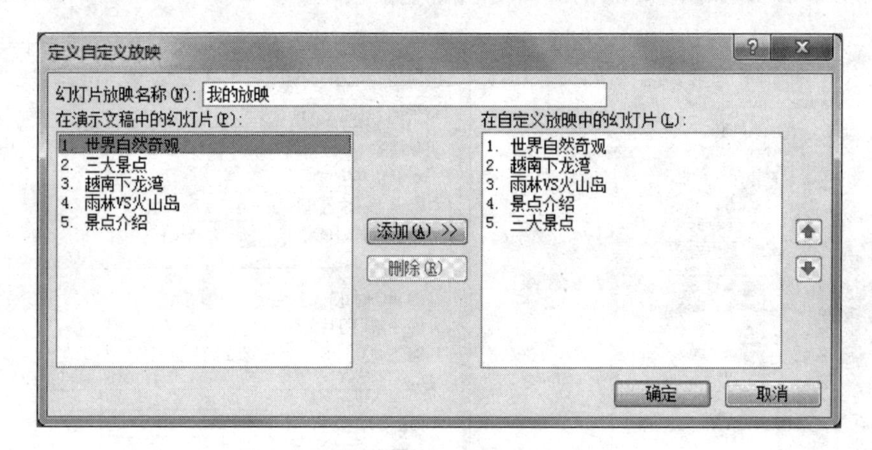

图 5-29 【定义自定义放映】对话框

四、练习

打开“□□我的学校 . pptx”，进行如下设置并保存（□□为学号后两位）。

1. 对所有幻灯片中标题的动画效果设置为“轮子”，声音设置为“打字机”效果（在【动画窗格】中设置），文本的动画效果设置为“缩放”，对象启动方式为“单击时。图片的动画效果自我设置，要求在上一个动画之后开始，不变暗。

2. 将第 2 张幻灯片动画效果的顺序调整为标题先出现，图片随后出现，正文最后出现。

3. 复制第 2 张幻灯片的副本作为第 6 张幻灯片，并将其中的图片换为另一张图片。

4. 设置所有幻灯片的切换效果为“自顶部揭开”，换页方式为单击鼠标以及间隔 9 秒换页。

5. 设置自定义放映，顺序为 1→2→5→4，幻灯片放映名为“学校”。

6. 在第 2 张幻灯片的底部插入一个动作按钮，将其链接到第 5 张幻灯片。

第 6 章

计算机网络基础和 Internet 应用实验

本章的目的是使学生掌握在互联网上共享资源的方法，并能综合运用网络知识解决实际问题。本章的主要内容包括网络的设置与连接、IE 浏览器和电子邮件的使用以及计算机安全与病毒防御。

实验 1　网络的设置与连接

一、实验目的

◆ 熟悉计算机网络的相关概念。
◆ 掌握局域网的配置方法。
◆ 掌握 Internet 的连接与配置方法。

二、预备知识

1. TCP/IP 协议

因特网是通过路由器将不同类型的物理网互联在一起的虚拟网络。Internet 采用的体系结构称为 TCP/IP。它采用 TCP/IP 协议控制各网络之间的数据传输，采用分组交换技术传输数据。由于 TCP/IP 在 Internet 上的广泛使用，使得它成为事实上的工业标准。

TCP/IP 是用于计算机通信的一组协议，而 TCP 和 IP 是这些众多协议中最重要的两个核心协议，其中 TCP 负责数据传输的可靠性，IP 负责数据的传输。TCP/IP 由网络接口层、网络层、传输层、应用层 4 个层次组成。其中，网络接口层是最底层，包括各种硬件协议，面向硬件；应用层面向用户，提供一组常用的应用程序，如电子邮件、文件传送等。

2. IP 地址、网关与 DNS 服务器

（1）IP 地址

为保证用 Internet 准确地实现将数据传送给网络上指定的目标，Internet 上的每一个主机、服务器或路由器都必须有一个在全球范围内唯一的地址，这个地址称为 IP 地址，由各级 Internet 管理组织负责分配给网络上的计算机。组成 IP 地址的 4 个十进制整数中，每个整数的范围都是在 0～255 之间。需要说明的是，0 和 255 这两个地址在 Internet 中有特殊的用途（用于广播），因此实际上每组数字中真正可以使用的范围为 1～254。IP 地址的结构如图 6-1 所示。

类别标识	网络号	主机号

图 6-1　IP 地址组成

目前使用的 32 位 IP 地址格式是 IP 的第 4 个版本，即 IPv4。该版本中可以提供的地址总数为 40 多亿个，随着互联网的快速发展，IPv4 地址资源已无法满足目前空前增长的网络用户的需要。因此，IP 的第 6 个版本，即 IPv6 取代 IPv4 已经是大势所趋。在 IPv6 中，IP 地址为 128 位的二进制数，这样其提供的地址总数足以满足目前所有应用的需要。

（2）网关

用于两个高层协议不同的网络互连，必须经过一道“关口”，这道“关口”将一种协议变成另一种协议，把一种数据格式变成另一种数据格式，把一种速率变成另一种速率，这道“关口”就是网关，如图 6-2 所示。顾名思义，网关（Gateway）就是一个网络连接到另一个网络的“关口”。也就是网络关卡。网关又称网间连接器、协议转换器。默认网关在网络层上以实现网络互连，是最复杂的网络互连设备，仅用于两个高层协议不同的网络互连。网关的结构也和路由器类似，不同的是互连层。网关既可以用于广域网互连，也可以用于局域网互连。

图 6-2　网关

（3）DNS 服务器

DNS 服务器是计算机域名系统（Domain Name System 或 Domain Name Service）的缩写，它是由解析器和域名服务器组成的。域名服务器是指保存有该网络中所有主机的域名和对应 IP 地址，并具有将域名转换为 IP 地址功能的服务器。其中域名必须对应一个 IP 地址，而 IP 地址不一定有域名。域名系统采用类似目录树的等级结构。域名服务器为客户机/服务器模式中的服务器方，它主要有两种形式：主服务器和转发服务器。将域名映射为 IP 地址的过程就称为“域名解析”。

3. 局域网

局域网是指将有限范围内（如一个企业、一个学校、一个实验室）的各种计算机、终端和外部设备互联在一起的网络系统。局域网一般为一个单位所建立，在单位或部门内部控制管理和使用，其覆盖范围没有严格的定义，一般在 10 km 以内。局域网的传输速度为 100～1 000 Mb/s，误码率低，侧重共享信息的处理。局域网是目前计算机网络发展中最活跃的分支。

4. Internet

国际互联网（Internet）是世界上最大的网际网（互联网），互联网最常见的形式是将多个局域网通过广域网连接起来。世界上有多个不同的网络，这些网络的物理结构、协议和采用的标准是各不相同的，如果要将这些不同结构的网络连接到一起使不同网络中的用户可以进行相互通信，就需要使用网关这样的设备将网络连接起来。

三、实验内容

1. 查看本机的 IP 地址、网关与 DNS 服务器

Windows 7 支持常用的硬件设备，大多数网卡能被识别。对于不能识别的网卡，可通过第 2 章介绍的“安装应用程序”方法，自行安装设备厂商提供的网卡驱动程序。当网卡被正确识别后，Windows 7 会自动为其添加相应的“网络连接”。

操作提要：

① 右击【任务栏】中【系统通知区】的网络图标，在弹出的快捷菜单中选择【打开网络和共享中心】，进入如图 6-3 所示的【网络和共享中心】窗口。

② 单击左上角的【更改适配器设置】，进入如图 6-4 所示的【网络连接】窗口，此窗口中列出了当前所有的网络连接。

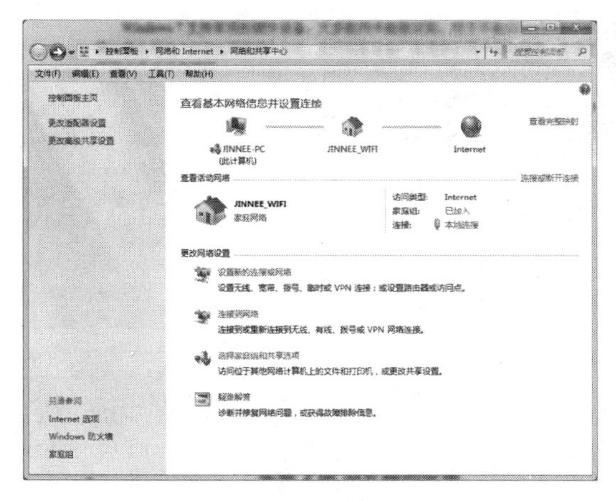

图 6-3 【网络和共享中心】窗口

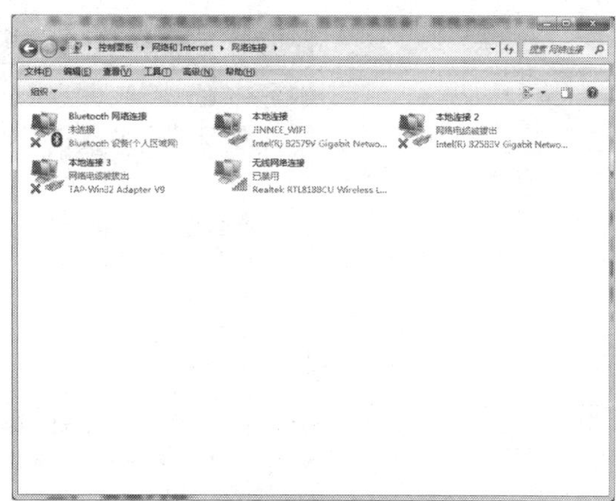

图 6-4 【网络连接】窗口

③ 右击其中一个连接，在弹出菜单中选择【状态】。

④ 在【连接状态】对话框中选择【详细信息】，可查看到此连接的【IP 地址】、【默认网关】及【DNS 服务器】等信息。

2. 配置局域网

按照下面的要求修改局域网络 TCP/IP 协议。

IP 地址：192.168.1.X（X 取 2～254 皆可）

子网掩码：255.255.255.0

默认网关：192.168.1.1

首选 DNS 服务器：202.102.192.68

操作提要：

① 在【网络和共享中心】窗口中，右键单击要更改的连接，然后单击【属性】，进入如图 6-5 所示【本地连接属性】窗口。

② 单击【网络】选项卡。在【此连接使用下列项目】下，单击【Internet 协议版本 4（TCP/IPv4）】或【Internet 协议版本 6（TCP/IPv6）】（本书以 TCP/IPv4 为例进行讲解），然后单击【属性】，进入【Internet 协议版本 4（TCP/IPv4）】属性对话框。

③ 若要使用 DHCP 自动获得 IP 设置，请单击【自动获得 IP 地址】，然后单击【确定】。

④ 选择【使用下面的 IP 地址】及【使用下面的 DNS 服务器地址】单选按钮。

⑤ 为【IP 地址】、【子网掩码】、【默认网关】、【首选 DNS 服务器】填上相应内容，如图 6-6 所示。

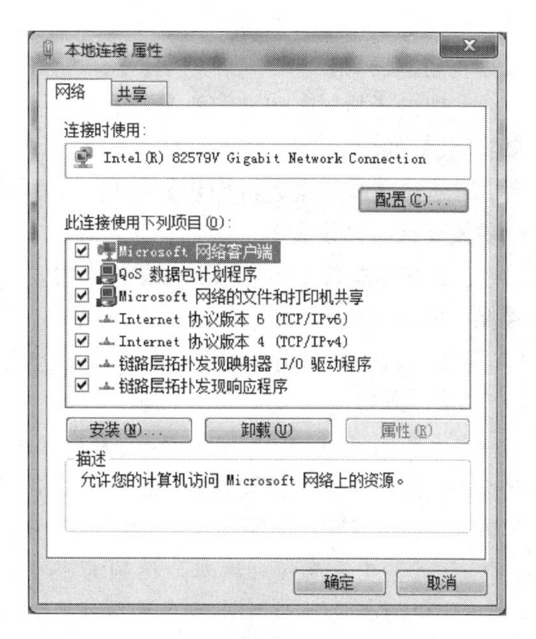

图 6-5 【本地连接】属性窗口

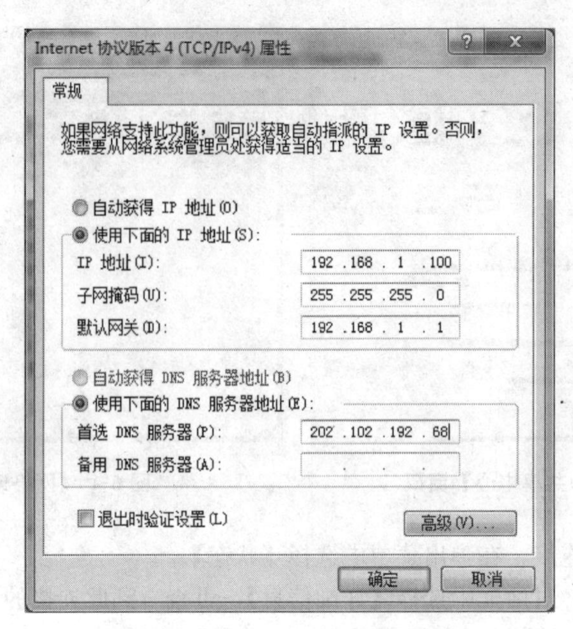

图 6-6　TCP/IPv4 协议设置对话框

3. 网络资源共享

（1）开启家庭组共享

在共享本地文件与打印机之前，必须先开启家庭组文件与打印机共享。

操作提要：

① 打开【控制面板】，选择【网络和Internet】|【家庭组】，进入如图 6-7 所示的【家庭组】窗口。

② 在【共享库和打印机】一栏中，勾选需要共享的项目。

③ 在【其他家庭组操作】一栏中，单击【更改高级共享设置】。

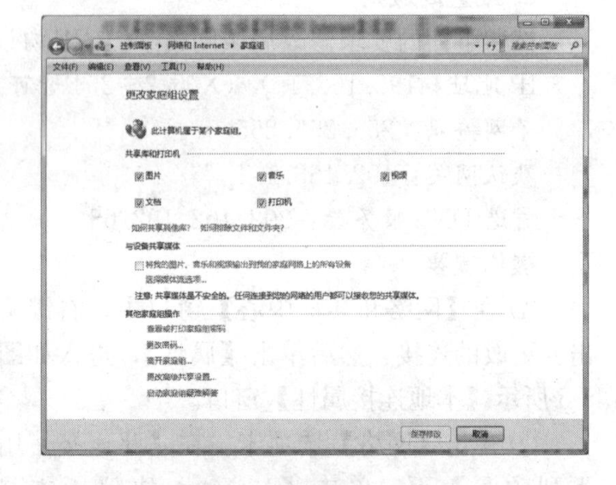

图 6-7　【家庭组】窗口

④ 在【文件和打印机共享】一栏中，选择【启用文件和打印机共享】单选按钮，单击【保存修改】。

（2）以“家庭组（读取/写入）”的方式共享计算机【库】中的【图片】库。

操作提要：

① 按照（1）里介绍的方法，开启家庭组文件与打印机的共享。

② 打开【资源管理器】，在【导航窗格】中单击【库】。

③ 右击【图片】库，在弹出菜单中选择【共享】|【家庭组（读取/写入）】，如图 6-8 所示。

注：其中家庭组（读取）选项与整个家庭组共享项目，但家庭组中的成员只能打开该项目，家庭组成员不能修改或删除该项目；家庭组（读取/写入）选项与整个家庭组共享项目，家庭组成员可打开、修改或删除该项目；特定用户选项将打开文件共享向导，允许您选择与其共享项目的单个用户。

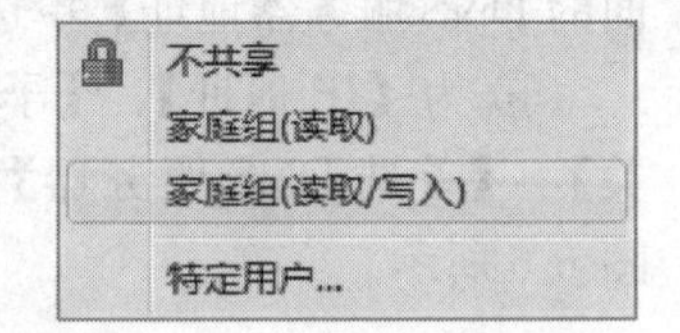

图 6-8　【共享】二级菜单

（3）在【设备与打印机】中添加一台打印机，将其共享，在局域网内任意选择一台非本机共享的网络打印机，将其添加进来。

操作提要：

① 按照第 2 章介绍的知识，在【设备与打印机】中任意添加一台打印机。

② 右键单击要共享的打印机，然后单击【打印机属性】。

③ 单击【共享】选项卡，选中【共享这台打印机】复选框。

④ 网络上的其他用户要连接到这台打印机，需将网络上共享的这台打印机添加至他们的电脑。

⑤ 在【设备与打印机】窗口中，右击新添加的打印机，选择【打印机属性】。

⑥ 单击【共享】选项卡，选中【共享这台打印机】复选框，单击【确定】。

⑦ 在另一台计算机上操作，在【设备与打印机】中单击【添加打印机】，选择【添加网络、无线或者 Bluetooth 打印机（W）】，如图 6-9 所示。

⑧ 选择一台网络上共享的打印机，单击【下一步】，如图 6-10 所示。

⑨ 按照提示完成余下步骤。

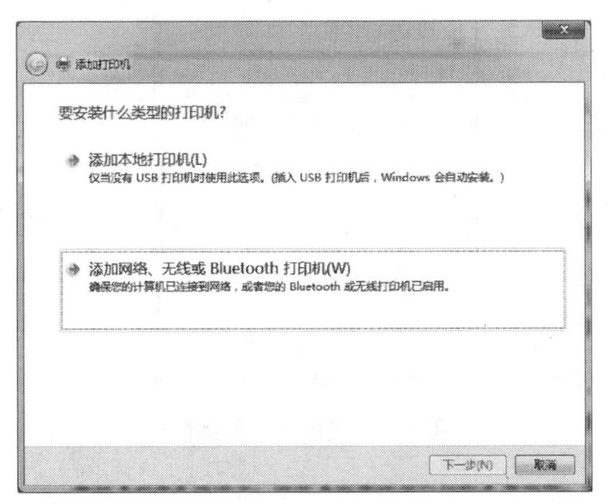

图 6-9　添加网络打印机

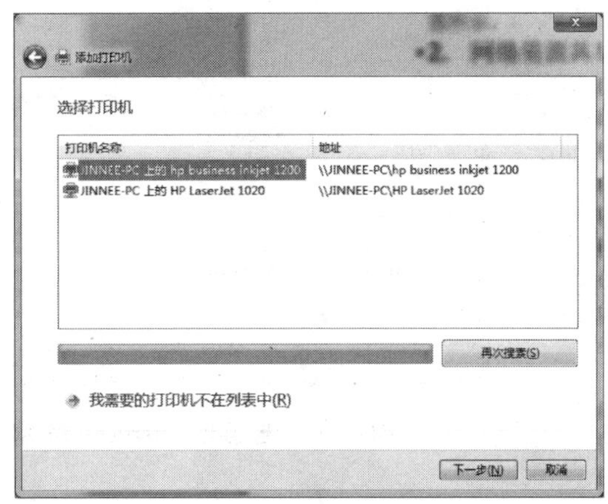

图 6-10　选择打印机

4. 接入 Internet

Internet 的接入方式有许多种，包括拨号上网、ADSL 接入、Cable Modem、局域网接入等，这里介绍目前使用最广泛的 ADSL 接入方式。

操作提要：

① 打开【网络和共享中心】窗口，单击【设置新的连接或网络】，进入如图 6-11 所示对话框。

② 选择【连接到 Internet】，单击【下一步】。

③ 在如图 6-12 所示的【连接到 Internet】对话框中，选择【宽带（PPPoE）（R）】。

④ 填入 ADSL 运营商提供的用户名和密码，在连接名称内填写此连接的名称，单击【连接】，如图 6-13 所示。

⑤ 按照连接向导提示完成剩余步骤，如果网络连接设置成功，单击【任务栏】中【系统通知区】的网络图标，会出现如图 6-14 所示网络连接图标，单击【连接】即可连接到指定网络。

图 6-11 【设置连接或网络】对话框

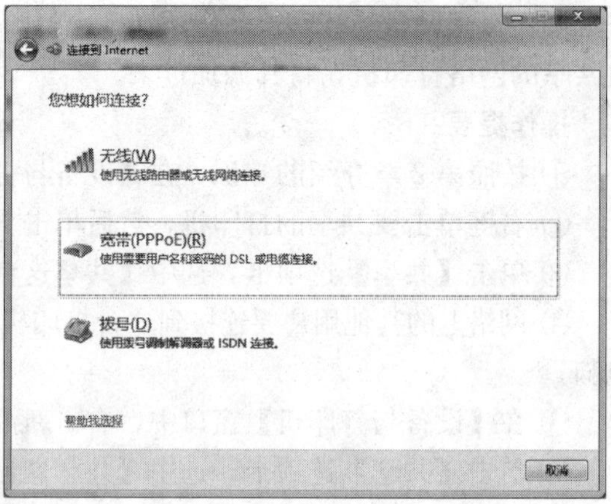

图 6-12 【连接到 Internet】对话框

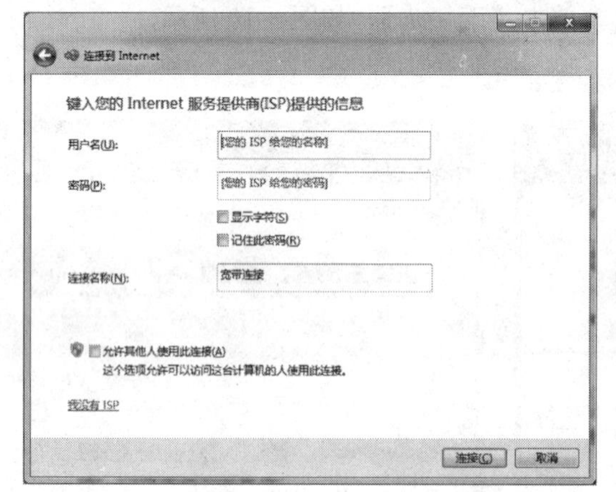

图 6-13 【连接到 Internet】对话框

图 6-14 【连接到网络】

四、练习

1. 在 E 盘新建一个文件夹，命名为“［你的名字］共享文件”，在此文件夹中新建一个文本文件，写入本计算机的“IP 地址”、“默认网关”及“DNS 服务器”，并共享此文件夹。

2. 在另外的计算机上，查看第 1 题中共享的文件。

实验 2　IE 浏览器的使用

一、实验目的

◆ 了解 IE 浏览器的组成和作用。

◆ 熟练 IE 浏览器的使用方法。

◆ 掌握 IE 浏览器的日常应用。

二、预备知识

1. IE 浏览器的组成

IE 浏览器（全称 Internet Explorer），主要由标题栏、菜单栏、工具栏、地址栏、主窗口和状态栏组成，如图 6-15 所示。

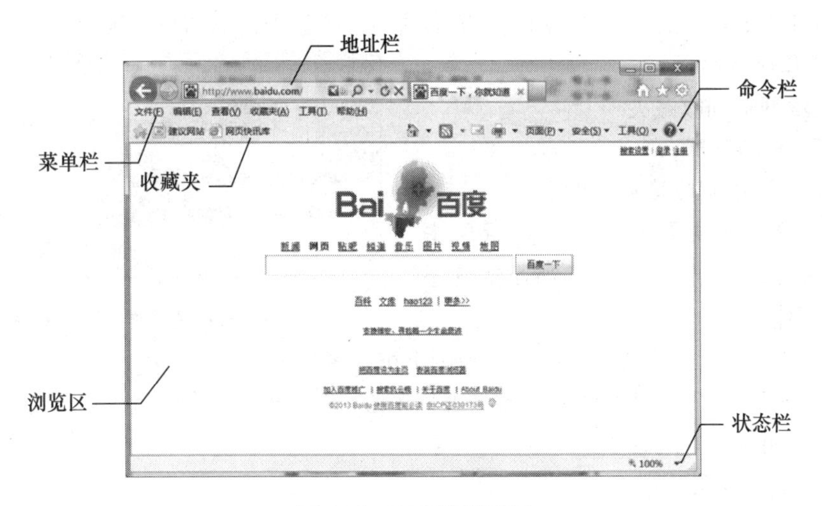

图 6-15　IE 浏览器窗口

2. 浏览网络站点

（1）访问网络站点

访问 Internet 站点：在 IE 浏览器窗口的地址栏中输入网址，例如输入“百度”的网址（http://www.baidu.com），按〈Enter〉键，即可进入相应的网页。IE 浏览器的地址栏具有自动记忆和搜索功能，输入特定关键字，在下拉菜单中即可选择想要访问的站点。

访问本地网页：在【资源管理器】中进入本地网页所在的目录，网页文件一般以“.htm”或“.html”扩展名存储，同时会有一个同名文件夹用于保存网页上使用的资源，双击网页文件即可打开。

（2）设置和访问主页

设置主页：

① 单击 IE 浏览器右上角的设置按钮。

② 在菜单中选择【Internet 选项】，打开如图 6-16 所示【Internet 选项】对话框。

③ 在对话框的主页文本框中填写相应的网络地址即可。

访问主页：单击 IE 浏览器右上角的主页按钮即可访问设定好的主页。

（3）进入前一个/下一个访问页面

单击 IE 浏览器左上角的【后退】图标

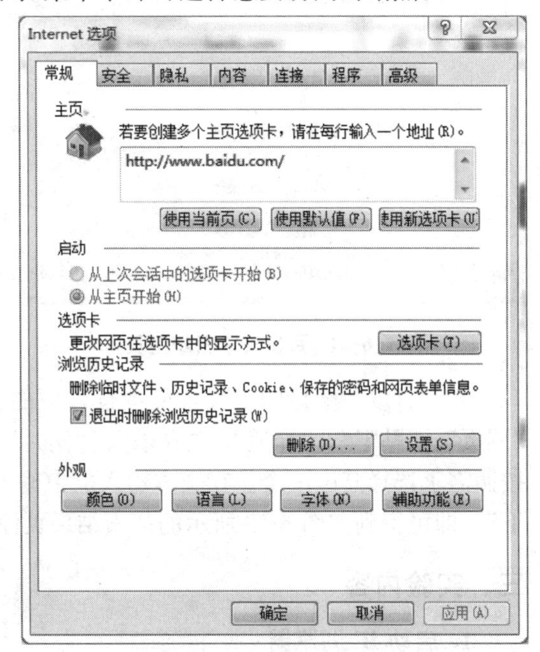

图 6-16　【Internet 选项】对话框

回到上一个浏览的页面，相反地，单击前进图标进入下一个浏览的页面。

（4）重新加载当前页面

方法一：单击 IE 浏览器【地址栏】中的刷新按钮。

方法二：当 IE 浏览器处于激活状态，按下快捷键〈F5〉。

（5）停止加载当前页面

当页面处于加载状态时，单击 IE 浏览器【地址栏】中的取消按钮✕。

3. 收藏和保存网页

（1）收藏网页到收藏夹

① 打开 IE 浏览器。

② 转到要添加到收藏夹的网页。

③ 单击【收藏夹】按钮，然后单击【添加到收藏夹】，弹出如图 6-17 所示的【添加收藏】对话框。

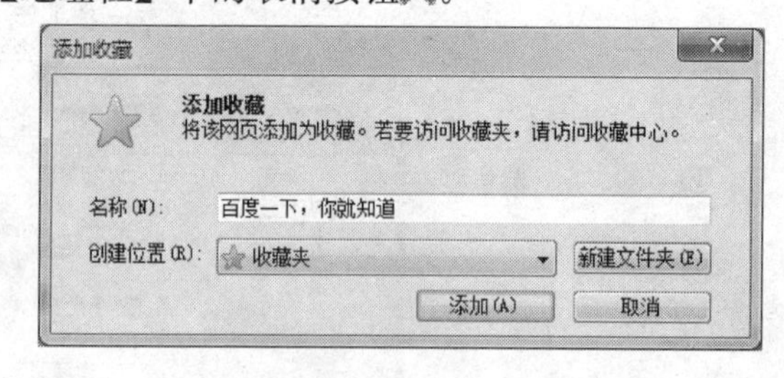

图 6-17 【添加收藏】对话框

④ 在【名称】旁边的文本框内为收藏网页键入名称。

⑤ 在【创建位置】旁边，单击【收藏夹】按钮，然后单击一个位置，单击【添加】。

（2）保存网页到本地磁盘

① 单击 IE 浏览器右上角的设置按钮。

② 选择【文件】|【另存为】。

③ 在【保存网页】对话框中，左边的导航窗格处选择一个保存目录。

④ 在【文件名】旁边的文本框内键入保存网页文件的名称。

⑤ 在【保存类型】旁边的下拉列表栏里面选择"网页，全部（*. htm；*. html)"，单击【保存】。

4. 使用搜索引擎检索信息

目前 Internet 上的搜索引擎有很多，例如"百度"、"雅虎"、"搜狗"、"必应"等，它们都可以为用户搜索到大量的信息，同时也各具特色，下面以国内最为流行的"百度"搜索引擎为例，介绍其使用方法。

只需打开 IE 浏览器。在地址栏键入"http://www. baidu. com"，按下〈Enter〉键即可进入如图 6-18 所示的"百度"搜索引擎主页。

图 6-18 百度搜索引擎主页

在"百度"图标的下面，文本输入框的上面，是可供选择的搜索类别，包括"新闻"、"网页"、"贴吧"、"知道"、"音乐"、"图片"、"视频"和"地图"，默认选中的是"网页"，按照需求选择其中一个。在文本输入框中输入搜索关键字，例如"计算机"，单击"百度一下"，即可得到如图 6-19 所示的搜索结果页面。

三、实验内容

1. 启动 IE 浏览器

在浏览网页之前，首先要启动 IE 浏览器。常用的启动方法有以下 2 种：

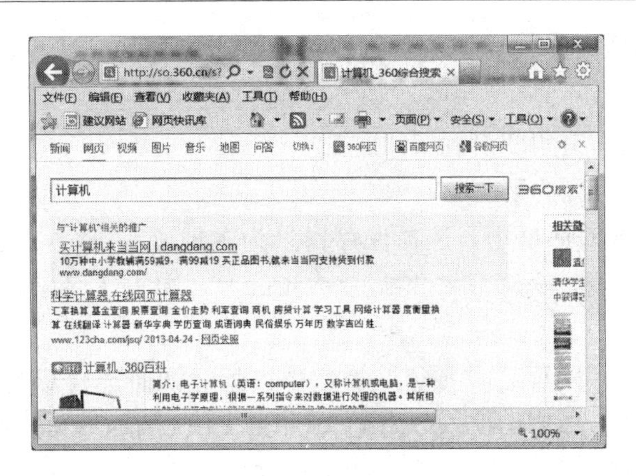

图 6-19　搜索结果

图 6-20　启动 IE 浏览器

方法一：单击如图 6-20 所示【任务栏】中的 IE 浏览器图标，即可启动 IE 浏览器。

方法二：单击【开始】|【所有程序】|【Internet Explorer】命令，即可启动 IE 浏览器。

2. 浏览网络站点

在 IE 浏览器中进入中关村在线站点（http：//www. zol. com. cn），打开“笔记本”专栏，将其收藏，选择一款自己喜欢的笔记本产品，将其产品综述页面保存到本地磁盘 E 中。

操作提要：

① 开启 IE 浏览器。

② 在【地址栏】输入访问地址“http://www. zol. com. cn”，按下〈Enter〉键，进入如图 6-21 所示中关村在线主页。

③ 单击“数码导购”频道的“笔记本专栏”，进入如图 6-22 所示笔记本专栏页面。

图 6-21　中关村在线主页

图 6-22　笔记本专栏

④ 通过“笔记本搜索区”、“笔记本推荐榜”或者其他的区域找到自己喜欢的一款笔记本，进入产品综述页面。

⑤ 单击 IE 浏览器右上角的设置按钮。

⑥ 选择【文件】|【另存为】。

⑦ 在【保存网页】对话框中，选择保存目录为本地磁盘 E，在【保存类型】旁边的下拉列表栏里面选择“网页，全部（*.htm；*.html)”，单击【保存】。

3. 使用搜索引擎

在百度搜索引擎的“网页”、“知道”类型中搜索“如何选购 CPU”，了解 CPU 的选购知识与技巧，在“图片”类型中搜索“CPU”，了解 CPU 的种类和外观。

① 开启 IE 浏览器。

② 在【地址栏】输入访问地址“http://www.baidu.com”，按下〈Enter〉键，进入百度主页。

③ 选中“网页”类型，在搜索文本框内输入文字“如何选购 CPU”，单击“百度一下”，得到如图 6-23 所示搜索结果页面。

④ 打开任意一个链接，例如“如何选购 CPU _ 百度经验【组图】”了解 CPU 的选购知识与技巧。

⑤ 选中“知道”类型，在搜索文本框内输入文字“如何选购 CPU”，单击“搜索答案”，得到如图 6-24 所示搜索结果页面。

图 6-23　百度“网页”类型搜索结果

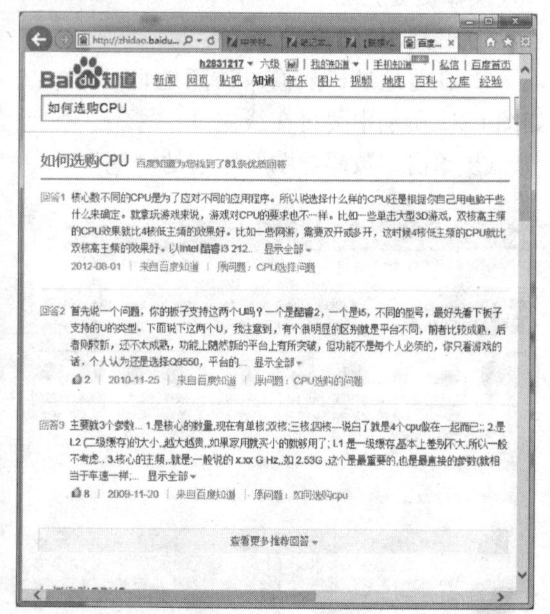

图 6-24　百度“知道”类型搜索结果

⑥ 选择任意一个回答，单击“显示全部”，了解 CPU 的选购知识与技巧。

⑦ 选中“图片”类型，在搜索文本框内输入文字“CPU”，单击“百度一下”，得到如图 6-25 所示的搜索结果。

⑧ 单击任意一张图片即可打开原图进行查阅，如图 6-26 所示。

图 6-25　图片搜索结果

图 6-26　查看原图

注：(1) 搜索引擎对同一关键字每次搜索的结果不一定相同，读者很可能得不到图中所示完全一致的结果，请按实际情况选择链接。(2) 百度搜索引擎内置"推广链接"，即图中灰色背景部分，这部分链接是一种广告行为，单击这类链接很可能得不到想要的结果。

四、练习

1. 访问新浪主页（http：//www. sina. com. cn），将其设置为 IE 浏览器主页，阅读当天的头条新闻，将新闻内容页面保存到本地磁盘 E。

2. 使用百度搜索引擎，搜索关键词"PPT 制作技巧"，自主学习相关内容。

实验 3　电子邮件的使用

一、实验目的

◆ 掌握如何注册和使用电子邮箱。
◆ 熟悉 Foxmail 7. 0 电子邮件软件的使用方法。
◆ 了解 Web 电子邮件的使用方法。

二、预备知识

1. 什么是电子邮件

电子邮件（E-mail），是 Internet 上最基本、使用最多的服务。现在的电子邮件不仅可以传送文字信息，而且可以传输声音、图像和视频等内容。

一个电子邮件系统主要由 3 个部分组成：代理、邮件服务器和电子邮件协议。

邮件服务器是电子邮件系统的核心组件，其功能是发送和接收邮件，同时还要向发信人报告邮件传送的情况。邮件服务通常使用两个不同的协议：SMTP（用于发送邮件）和邮局协议 POP3（用于接收邮件）。

2. 电子邮件的地址

为了能在 Internet 上发送电子邮件，使用因特网的电子邮件系统的每个用户需要有一个电子邮件的帐户，这个帐户通常由电子邮件地址和密码两部分组成。

电子邮件地址格式为：

用户名@用户邮箱所在主机的域名

例如一个以用户名 ykxyemail 注册的 163 邮箱（主机域名为“163. com”），则它的电子邮件地址为“ykxyemail@163. com”。

由于一个主机的域名在 Internet 中是唯一的，而每一个邮箱名（用户名）在该主机中也是唯一的，因此在 Internet 上每个人的电子邮件地址都是唯一的。

3. 注册电子邮箱

Internet 上的电子邮箱很多，例如“Gmail”、“126”、“163”等，下面以网易 163 电子邮箱为例，介绍注册电子邮箱的步骤：

① 启动 Internet Explorer 浏览器，在地址栏内输入 http://www. 163. com，然后按下〈Enter〉键，打开网易主页，如图 6-27 所示。

② 单击【注册免费邮箱】链接，打开【注册网易免费邮箱】网页，如图 6-28 所示。

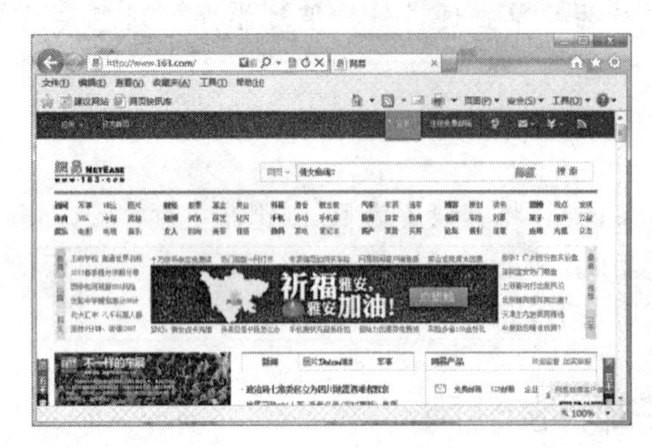

图 6-27　网易主页

图 6-28　注册网易免费邮箱网页

③ 输入用户名、密码和验证码等信息，其中前面带“ * ”号的是必填项。如果输入的用户名已经存在，服务器会要求重新输入，同时它也会建议你选择一些没有被使用的用户名；在下拉菜单@ 163.com 中选择要注册的邮件服务器，网易提供了“163. com”、“126. com”、“yeah. net”三个邮件服务器。

④ 输入完成后，单击【立即注册】按钮，提示注册成功，直接进入邮箱。

三、实验内容

1. 使用 Foxmail 7. 0 电子邮件软件

（1）设置 Foxmail 7. 0

操作提要：

① 安装成功后，第一次启动 Foxmail 7. 0 后就会弹出如图 6-29 所示的【新建帐号向导】对话框。

② 在对话框中输入已经注册成功的电子邮箱地址，例如“ykxyemail@163. com”。

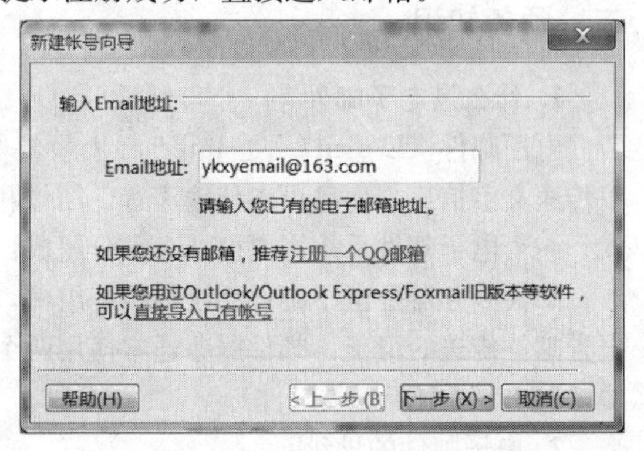

图 6-29 【新建帐号向导】对话框

③ 单击【下一步】按钮，在图 6-30 所示的对话框中，选择邮件类型，Foxmail 会根据服务器的类型自动为用户推荐一个。

④ 输入注册邮箱密码，单击【下一步】按钮，弹出如图 6-31 所示的对话框。

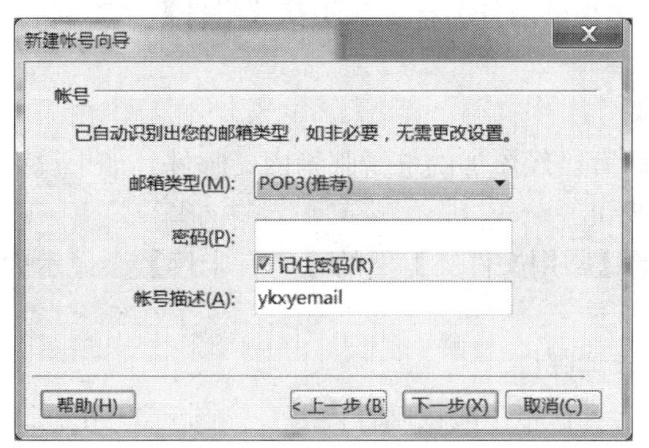

图 6-30　选择邮箱类型

图 6-31　邮箱设置完成

⑤ 单击【完成】按钮，结束所有的设置工作。此时，Foxmail 7.0 开始自动接收邮件。

⑥ 如果不是首次登录 Foxmail 7.0，单击【工具】|【帐号管理】，在打开的对话框中，单击【新建】按钮，即可打开图 6-29 所示的【新建帐号向导】对话框，即可建立多个邮箱帐户。

(2) 使用 Foxmail 7.0 发送电子邮件

操作提要：

① 单击左上角的【写邮件】按钮，打开如图 6-32 所示的邮件编辑窗口。

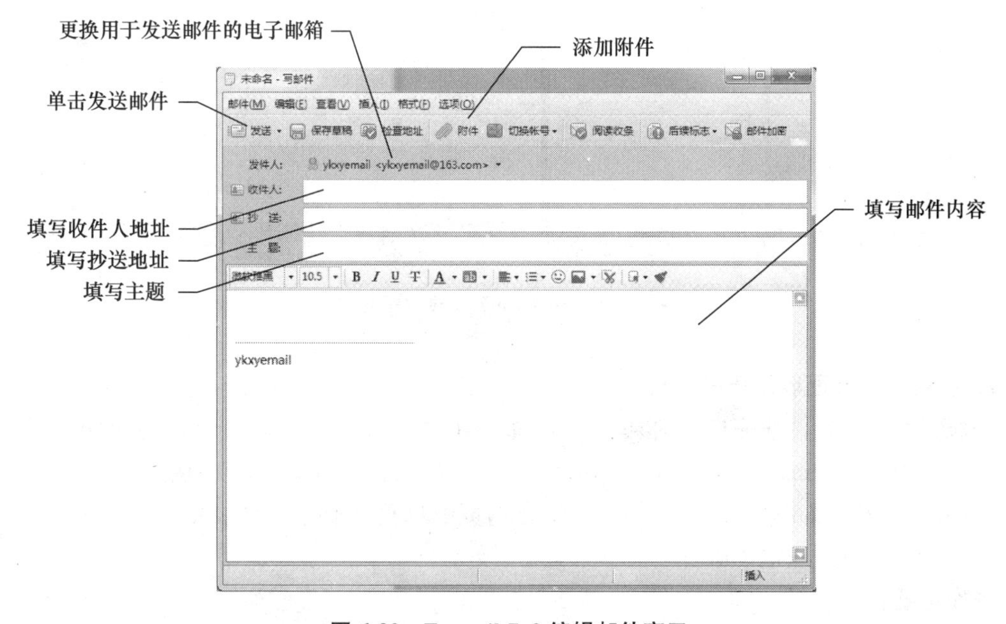

图 6-32　Foxmail 7.0 编辑邮件窗口

② 在【发件人】下拉列表框里选择一个已经添加到 Foxmail 的电子邮箱地址。

③ 在【收件人】文本框内填写收取邮件人的电子邮箱地址。

④ 如果希望邮件同时发送到其他邮箱，在【抄送】栏填写其他电子邮箱地址。

⑤ 在【主题】文本框和【内容编辑区】中分别填写相应的电子邮件主题和内容。

⑥ 如果需要为电子邮件添加文件附件，单击【附件】按钮，在弹出的文件选择对话框内，选择需要发送的文件，单击【打开】。已经添加的附件名称会显示在【附件】文本框内。

(3) 使用 Foxmail 7.0 接收电子邮件

操作提要：

① 每次开启 Foxmail 7.0 它都将自动收取所有已经添加的电子邮箱内的邮件，如果没有自动收取，可以手动单击工具栏中的【收取】按钮。

② 如果有新的邮件，【邮件】导航窗格中的【常用文件夹】下的【所有未读】会显示为粗体，并提示未读邮件的数量。

③ 单击【所有未读】会在中部窗格中显示未读邮件。

④ 单击其中一封未读邮件，即可在右边的内容窗格中阅读邮件内容，如图 6-33 所示。

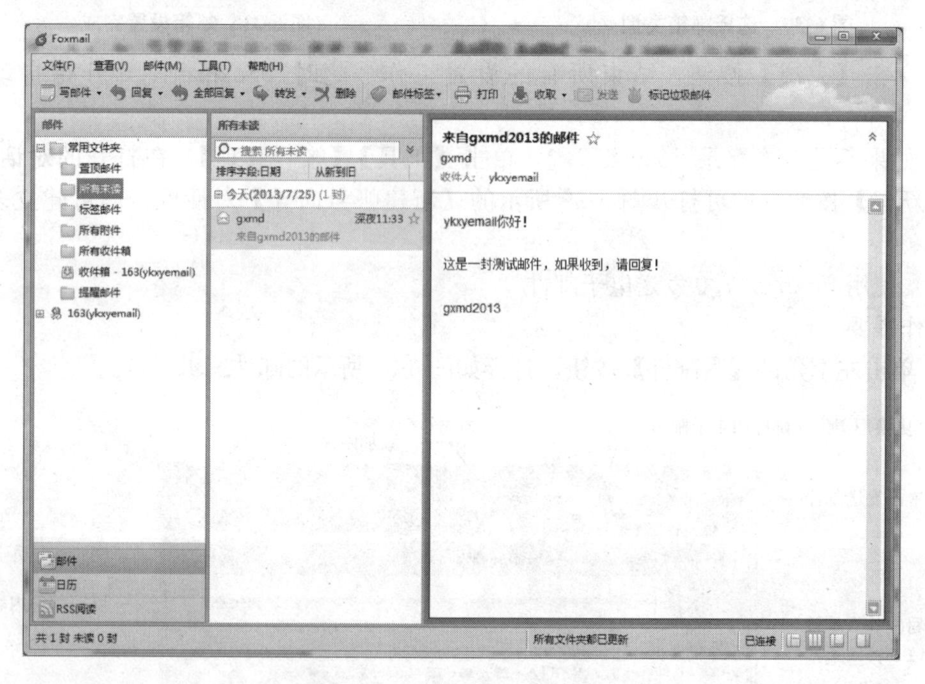

图 6-33　Foxmail 7.0 接收邮件

2. 使用网页界面收发电子邮件

一般情况下，在注册完电子邮箱之后，都会在浏览器上自动登录 Web 版的电子邮箱，这种网页界面和 Foxmail、Outlook Express 等客户端软件一样，也可以快速的接收和发送电子邮件，下面以 163 电子邮件为例，介绍在网页中收发电子邮件的方法。

(1) 使用网页发送电子邮件

操作提要：

① 打开 IE 浏览器，在地址栏输入“http://mail.163.com”进入如图 6-34 所示的 163 邮箱登录窗口。输入自己的用户名和密码，单击【登录】按钮，即可进入电子邮箱的页面，如图 6-35 所示。

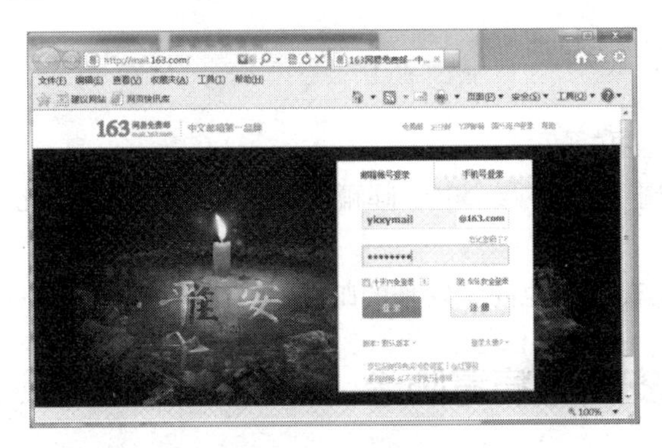

图 6-34　登录窗口

图 6-35　电子邮箱页面

② 在页面左上方，单击【写信】按钮，即可打开撰写邮件的页面，然后在相应的位置，填写收件人、邮件的主题和信件内容，如图 6-36 所示。

③ 单击【添加附件】按钮，打开【打开】对话框，选择要上载的文件，如图 6-37 所示。

图 6-36　撰写邮件页面

图 6-37　选择要上载的文件

④ 选择要发送的附件后，单击【打开】按钮，则在【附件内容】中就会显示要发送的附件名称。

⑤ 撰写邮件完成后，单击【发送】按钮，即可发送邮件。

(2) 使用网页界面接收电子邮件

操作提要：

① 登录如图 6-35 所示电子邮箱页面。

② 单击窗口左侧的【收件箱】链接，打开收件箱，可以看到每封来信的状态标题、接收的日期和寄件人等信息。

③ 单击邮件的标题，可以查看其具体内容。如果邮件有附件，单击【下载】，选择好要保存附件的路径，就可以把附件下载到本地计算机中。

四、练习

1. 使用用户名"ykxy _ student [学号后 4 位]"分别注册一个 126 邮箱（网址：http://www.126.com）和一个 163 邮箱（网址：http://mail.163.com/）。

2. 将上一步中注册的邮箱添加到 Foxmail 7.0 中，并使用它给一位同学发送主题为"增强联系”的邮件，邮件内容如下：

＊＊＊同学你好！

附件中是我新注册的电子邮箱列表，请多多联系我。

在本地磁盘新建一个文本文件，将第 1 题中注册的两个电子邮箱地址填写进去，并将此文件作为附件添加到邮件中。

3. 使用浏览器登录两个邮箱，在浏览器上查看其他同学发来的邮件。

实验 4 计算机安全与病毒防治

一、实验目的

◆ 了解计算机信息安全技术。

◆ 掌握防火墙的配置与使用方法。

◆ 掌握常用杀毒软件的使用方法。

二、预备知识

1. 计算机信息安全技术

计算机信息安全技术分两个层次，第一层次为计算机系统安全，第二层次为计算机数据安全。

2. 计算机病毒

病毒是指“编制者在计算机程序中插入的破坏计算机功能或者破坏数据，影响计算机使用并且能够自我复制的一组计算机指令或者程序代码”。与医学上的“病毒”不同，计算机病毒不是天然存在的，是某些人利用计算机软件和硬件所固有的脆弱性编制的一组指令集或程序代码。它能通过某种途径潜伏在计算机的存储介质（或程序）里，当达到某种条件时即被激活，通过修改其他程序的方法将自己的精确拷贝或者可能演化的形式放入其他程序中，从而感染其他程序，对计算机资源进行破坏，所谓的病毒就是人为造成的，对其他用户的危害性很大。图 6-38 所示为“熊猫烧香”病毒。

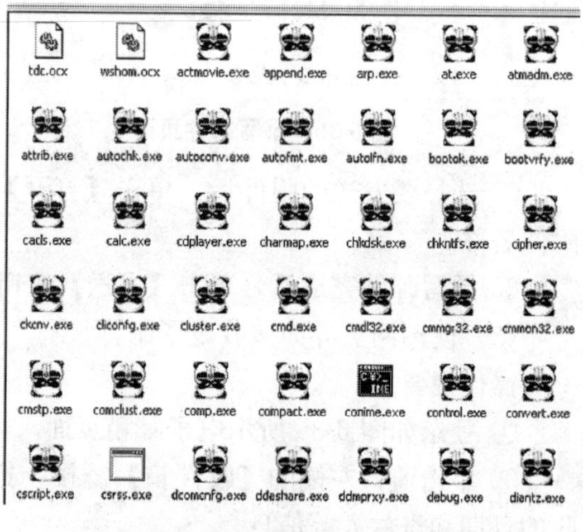

图 6-38 “熊猫烧香”病毒

3. 常用计算机安全策略

（1）使用防火墙。

（2）使用防病毒软件。

（3）养成良好的行为习惯。

三、实验内容

1. 使用 Windows 防火墙

（1）打开防火墙

操作提要：

① 打开【控制面板】，选择【系统和安全】|【防火墙】打开如图 6-39 所示的【Windows 防

火墙】窗口。

② 在左窗格中，单击【打开或关闭 Windows 防火墙】打开如图 6-40 所示的【防火墙自定义设置】窗口。

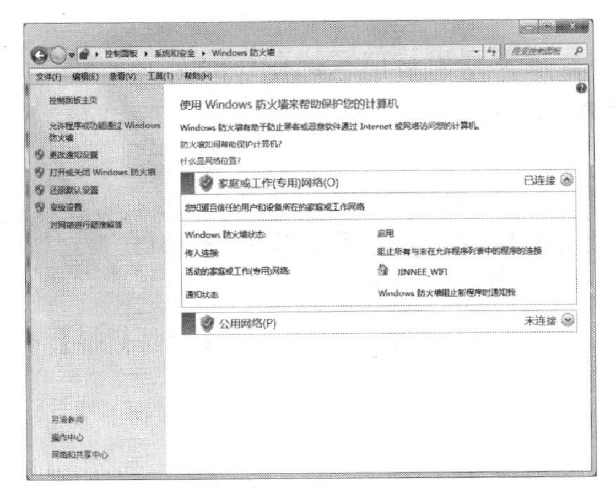

图 6-39　【Windows 防火墙】窗口

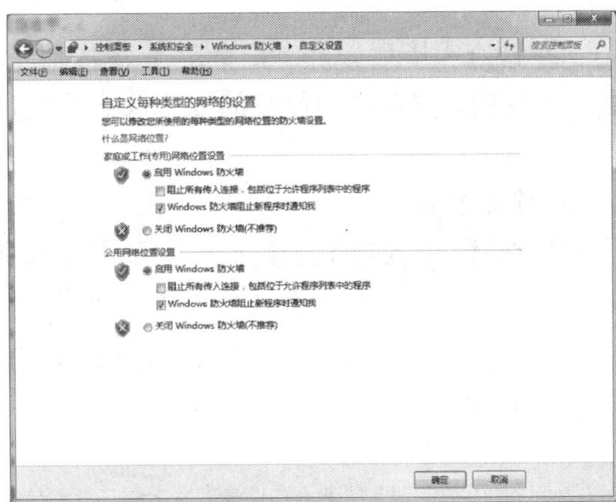

图 6-40　【防火墙自定义设置】窗口

③ 在要保护的每个网络位置下单击【启用 Windows 防火墙】，然后单击【确定】。

(2) 关闭防火墙

操作提要：

在要关闭防火墙的网络位置下单击【关闭 Windows 防火墙（不推荐）】，然后单击【确定】。

(3) 允许程序通过防火墙

操作提要：

① 在【Windows 防火墙】窗口左窗格中，单击【允许程序或功能通过 Windows 防火墙】，进入图 6-41 所示的【允许程序通过防火墙】窗口。

② 选中要允许的程序旁边的复选框，选择要允许通信的网络位置，然后单击【确定】。

2. 使用 360 安全卫士

正确安装 360 安全卫士后双击桌面的 360 安全卫士快捷方式，打开图 6-42 所示的【360 安全卫士】窗口。

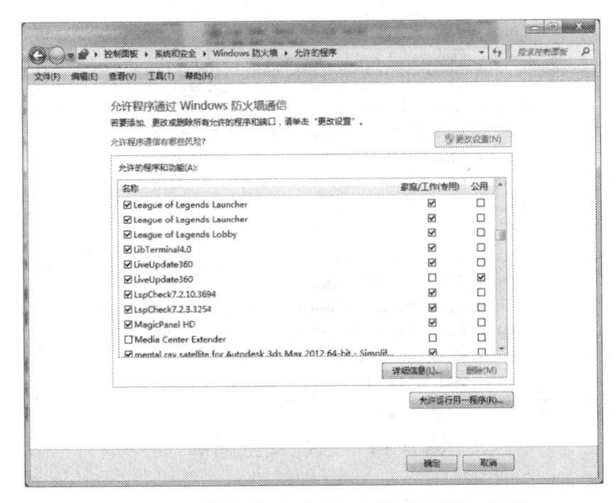

图 6-41　【允许程序通过防火墙】窗口

图 6-42　【360 安全卫士】窗口

（1）为电脑体检

操作提要：

① 在【360 安全卫士】窗口中单击【立即体检】按钮，360 安全卫士即对计算机开始安全检查。

② 检查完毕后，360 安全卫士将按照危险程度罗列出目前系统存在的安全隐患，如图 6-43所示，选择希望修复的安全隐患按照提示进行修复即可。

（2）查杀木马

操作提要：

① 在【360 安全卫士】窗口中单击【木马查杀】按钮，进入【木马查杀】窗口。

② 单击【快速扫描】按钮即按照推荐方式开始木马病毒的查杀。

③ 如果希望对全部本地磁盘或者自定义路径进行木马查杀，可以选择【全盘扫描】或【自定义扫描】。

（3）清理恶评插件

"恶评软件"是对系统正常运行有不利影响的软件统称，插件是软件的一种，一般依附于某些软件发挥作用，"恶评插件"是 360 对大量用户的评分统计得出来的结果，具有一定的主观性，但在应对"不是病毒却对系统不利"的软件或者插件时，是一种行之有效的方法。

操作提要：

① 单击【电脑清理】按钮，切换到【电脑清理】窗口。

② 切换到【清理插件】选项卡，单击【开始扫描】。

③ 360 安全卫士会自动扫描系统中的插件，并给出评分，勾选评分低于 6 分的插件或者自己不希望使用的插件，单击【立即清理】。

（4）修复系统漏洞

"系统漏洞"一般指系统或者应用软件在设计上存在的一些安全隐患，这些安全隐患一般通过软件生产商提供的升级补丁来解决，尽管如此，许多用户常常没有时间和精力维护计算机中大量的软件产品，360 安全卫士的漏洞修复功能能够帮助用户完成这件事。

操作提要：

① 单击【漏洞修复】按钮，进入图 6-44 所示的【漏洞修复】窗口。

图 6-43　电脑体检结果

图 6-44　系统安全漏洞

② 360 会自动检测存在漏洞的软件产品，如果想要重新扫描，单击【重新扫描】。

③ 勾选想要修补漏洞的软件产品，单击【立即修复】。

(5) 修复 IE

操作提要：

IE 是各种恶评插件、病毒进行篡改和利用的重灾区，IE 自带的安全设置选项很难防止这类软件的行为。借助 360 的【插件清理】、【系统修复】等功能，可以对 IE 进行修复。

操作提要：

① 首先清理 IE 恶评插件。

② 单击【系统修复】按钮，进入【系统修复】窗口。

③ 单击【常规修复】按钮，360 自动检测需要修复的选项。

④ 选择与 IE 相关的修复项目，单击【立即修复】。

3. 使用 MSE 安全软件

MSE 安全软件（microsoft security essentials）是一款微软新推出的免费反恶意软件。它帮助防止病毒、间谍软件和其他恶意软件入侵。它具有安全性能高、体积小、使用方便、保护过程静默等优点，下面以 MSE 安全软件为例介绍防病毒软件的使用方法。

(1) 启用【实时保护】

操作提要：

① 正确安装 MSE 后，它将自动扫描系统，并开启【实时保护】，其操作窗口如图 6-45 所示。

② 当【实时保护】处于关闭状态，主窗口会显示红色图标，如图 6-46 所示。

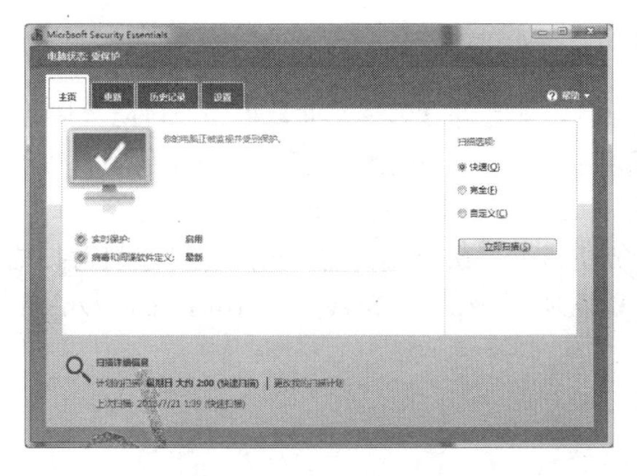

图 6-45　MSE 主窗口

图 6-46　实时保护关闭

③ 直接单击主窗口上的【启用（T）】按钮即可启用【实时保护】。

注：MSE 主窗口上的绿色图标表示您计算机的安全状态良好。黄色图标表示状态一般，或者可能未受保护，用户应采取一些措施，如启用实时保护、运行系统扫描或应对中等或低等严重级别威胁。红色图标表示用户的计算机处于风险之中，必须应对严重威胁来保护它。单击主页上提示的建议按钮以采取相应操作，微软安全软件将清除检测到的文件，然后快速扫描其他恶意软件。

(2) 运行系统扫描

操作提要：

① 在 MSE 主窗口【扫描选项】一栏中，选择一种扫描方式，【快速扫描】为默认选择

的方式。

② 单击【立即扫描】即对系统进行扫描。

③ 扫描结束后 MSE 会在主页显示扫描结果，如图 6-47 所示，如果检测到威胁，勾选需要处理的选项，单击【立即处理】即可。

(3) 更新病毒库

操作提要：

① 单击【更新】选项卡，切换到 MSE 更新窗口，如图 6-48 所示。

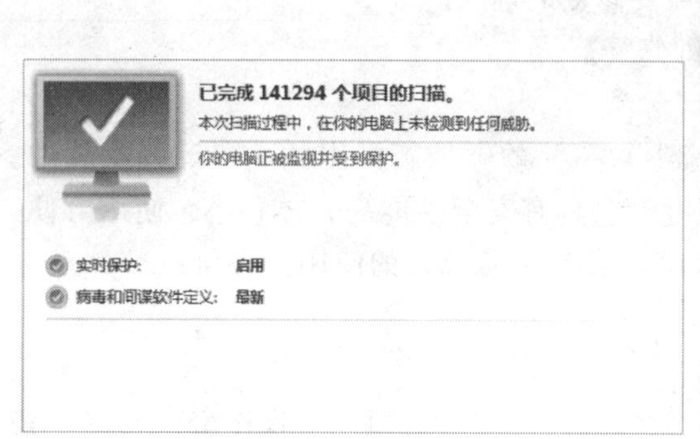

图 6-47　MSE 主窗口

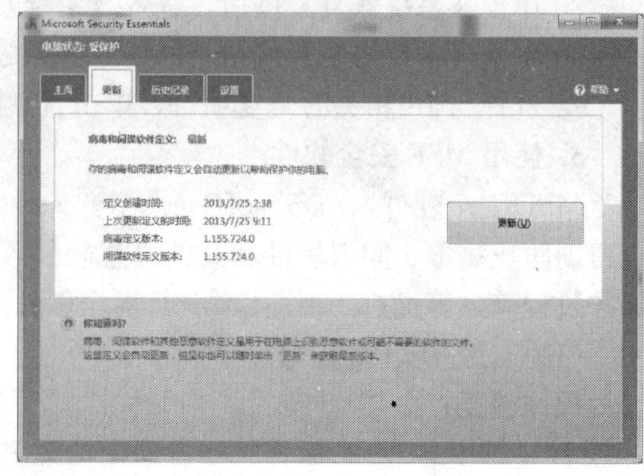

图 6-48　MSE 更新窗口

② 单击【更新（V）】按钮，MSE 将自动对病毒库进行更新。

四、练习

1. 关闭 Windows 防火墙，然后再次将其开启，并允许【远程桌面】程序通过防火墙。

2. 下载安装 360 安全卫士，使用它对计算机进行一次“安全体检”，选择高危项目进行修复（360 安全卫士下载地址：http：//www. 360. cn/weishi/index. html）。

3. 下载安装 MSE 安全软件，使用它对计算机进行一次全盘扫描，按照软件建议对扫描出来的安全威胁进行处理（MSE 安全软件下载地址：http：//www. microsoft. com/zh-cn/security/pc-security/mse. aspx）。

参考文献

[1] 孙家启. 新编大学计算机基础上机实验教程 [M]. 北京：北京理工大学出版社，2011.

[2] 卢凤兰，柳永念. 大学计算机基础实验教程 [M]. 北京：中国铁道出版社，2010.

[3] 王若东，易著梁，王文生. 计算机基础实训指导与习题集 [M]. 长春：吉林大学出版社，2009.

[4] 岳溥庥，等. 大学计算机基础应用实践 [M]. 北京：清华大学出版社，2012.

[5] 杨兰芳. 大学计算机应用基础习题解答与上机指导 [M]. 北京：北京邮电大学出版社，2010.

[6] 杨绍增. 大学生计算机科学基础（下册：操作实训篇）[M]. 北京：清华大学出版社，2009.

[7] 贺忠华，焦小焦. 大学计算机基础实验指导语习题集 [M]. 北京：中国铁道出版社，2011.

[8] 何振林，匡松. 大学计算机应用基础习题与实验教程 [M]. 北京：人民邮电出版社，2007.